大戦略の思想家たち

石津朋之

日経ビジネス人文庫

文庫版序文

本書の初版が刊行されてからこの文庫版が出版されるまでの期間、国際社会および東アジアをめぐる戦略環境の変化とともに、「大戦略（グランド・ストラテジー）」あるいは国家政策を意味する言葉としての「戦略」といった概念は、既に「市民権」を得つつあるように思われる。これは、日本での地球儀を俯瞰した世界観の表明である地政学の復権や国家安全保障会議（NSC）の創設などと歩調を揃えた事象であった。

その意味では、大戦略という言葉を定着させようとした本書の当初の目的は、十分に達成できたと自負している。

アメリカの歴史家ウィリアムソン・マーレーの共編著『戦略の形成』の戦略決定のプロセスをめぐる論考「はじめに――戦略について」では、戦略という言葉を定義することがいかに困難であるかが指摘されている。戦略とは優れて敵・味方の相互作用をめぐる問題である。そして、「戦略とは偶然性、不確実性、そして曖昧性が支配する世界で、刻々と変化を続ける条件や環境に適応する恒常的なプロセスである」。確かに戦略とは、こうした不可測な要素が支配する領域である（ウィリアムソン・マーレー、マクレガー・ノックス、アルヴィン・バーンスタイン編著、石津朋之、永末聡監訳、「歴史と戦争研究会」訳『戦略の形成——支配者、国家、戦争』ちくま学芸文庫、上下巻、二〇一九年）。

また、この論考では戦略形成というプロセスに影響を及ぼす要因として、①地理、②歴史、③文化・宗教・イデオロギー（これらを総称して「世界観」）、④経済、⑤政府組織・軍事組織、が挙げられている。さらに、同書の「おわりに——戦略形成における連続性と革命」では、過去に戦略を変化させ、また、将来においても戦略を変化させるであろう要因として、①官僚制度、②大衆政治、③イデオロギー、④技術、⑤経済力、が挙げられている。

こうしてみると、やはり戦略とは多面性を備えた概念であり、だからこそ同書は、戦略思想家やある国家の政治体だけに注目してこれを分析する従来の研究手法を厳しく批判したのであろう。

『戦略の形成』が出版された目的は、戦略をめぐる何らかの原理や原則を読者に提供することではなく、むしろ国家の指導者が戦略を形成する際に、あるいはその戦略を遂行した結果に対して、影響を及ぼし得る広範な要因の存在を示すことであったとされる。

他方、マーレーは二〇一一年の別の共編著『大戦略の策定』の第1章「大戦略を考える」の中で、大国がとりわけ大戦略を必要とするのは、その国家が「過剰拡大（オーバー・ストレッチ）」した時期であると指摘する（Williamson Murray, Richard Hart Sinnreich, James Lacey, eds., *The Shaping of Grand Strategy: Policy, Diplomacy, and War* [Cambridge: Cambridge University Press, 2011]）。つまり、大国は自らの過剰拡大に直面した国際環境において、困難な選択を求められる。その結果、大戦略とは大国にとって資源と利益などの均衡を逸した状況下で、現実に適応する能力に関することになる。換言すれば、大戦略とはリスクの均衡を図ることであり、その均衡の妥当性を確実にすることである。

さらにマーレーは、大戦略あるいは大戦略の成功のための原理や原則など存在しないとも指摘する。重要なのは、いかなる文脈（コンテクスト）の下でそれが生まれたかである。逆に、理論や抽象的な原則、さらには政治科学的モデルでは、大戦略の本質など絶対に理解し得ない。なぜなら大戦略は流動する国際環境の中でのみ存在しているからである。

大戦略あるいは国家政策としての戦略が、「科学（サイエンス）」というよりは、むしろ「芸術（アート）」であるとすれば、マーレーのような解説に加えて、もう少し文学的な表現を用いてその本質に近づくことも可能であろう。

例えば、今日の大戦略を理解するための最も有用な類比(アナロジー)としてしばしば引き合いに出されるのは、それがフランス人農夫の作るスープである、とするものである。すなわち、一週間もの長きにわたって様々な食材が無造作に鍋に放り込まれ、そして、その都度食されるといった類(たぐい)のもので、正式ないわゆるレシピなどはほとんど分からない。だが、個々の食材がスープに投じられているのは疑いようのない事実なのである。

また、イギリスの国際政治学者ローレンス・フリードマン卿は『戦略の世界史』で、戦略は、同じ人物が登場しながらも一連のエピソードを通じて筋書き(プロット)を展開していく「ソープオペラ」に例えることが適当である、との興味深い指摘をした(ローレンス・フリードマン著、貫井佳子訳『戦略の世界史——戦争・政治・ビジネス』日経ビジネス人文庫、上下巻、二〇二一年)。「ソープオペラ」は、物語がどのように展開し、どのように終了するか決まってはいない。物語の展開の変化を受け入れる余地があるのである。これと同様、その筋書きに高い自由度を認める必要があることから、総じて戦略は、次の段階へと展開するものの、それが最終的な目的とはならないのである。

近年、本書の第5章で紹介するルトワックの主著が邦訳され(エドワード・ルトワック著、武田康裕、塚本勝也訳『エドワード・ルトワックの戦略論――戦争と平和の論理』毎日新聞社、二〇一四年）、さらには、前述したようにフリードマン卿の大著『戦略の世界史』も邦訳された。

加えて、ジョン・ルイス・ギャディス著、村井章子訳『大戦略論』（早川書房、二〇一八年）に代表されるように、大戦略あるいは国家政策次元の戦略に関する優れた著作の邦訳出版が続いている。本書の内容と比較する意味でも、こうした著作の一読を薦めたい。

最後に、本書の第2章で紹介するマイケル・ハワード卿が二〇一九年一一月三〇日に逝去された。まさに「巨星墜つ」である。ここに、謹んで哀悼の意を表したい。併せて、本書の初版の出版からこの文庫版の刊行に至るまでの間に、ハワード卿の主著が二冊邦訳された（マイケル・ハワード著、馬場優訳『第一次世界大戦』法政大学出版局、二〇一四年：マイケル・ハワード著、奥山真司監訳『クラウゼヴィッツ――「戦争論」の思想』勁草書房、二〇二一年）ことを記しておきたい。

二〇二二年一二月

石津朋之

はじめに

本書は二〇世紀の大戦略（グランド・ストラテジー）の思想家、とりわけ二〇世紀後半生まれの一般の読者に馴染みの深い人物に焦点を絞り、「理論」（すなわち研究者）と「実践」（すなわち実務に携わる政治家や軍人）の立場から大戦略について考えようとする試みである。

本書で筆者は、必ずしも時系列的ではないものの、①イギリスの地理学者で「地政学の父」とも呼ばれるハルフォード・マッキンダー、②イギリスの歴史家でこの時代の戦争学・戦略学を主導したマイケル・ハワード、③アメリカの国際政治学者で核時代における抑止の概念を確立したバーナード・ブロディ、④アメリカの歴史家で対中外交やソ連との緊張緩和（デタント）に代表されるように実務者としても活躍したヘンリー・キッシンジャー、⑤アメリカの国際政治学者でその挑発的な著作『エドワード・ルトワックの戦略論――戦争と平和の論理』で知られるエドワード・ルトワック、そして、⑥イスラエルの歴史家でその著作『戦争の変遷』や『戦争文化論』で今日の一般的な戦争観――つまり、プロイセン・ドイツの戦略思想家カール・フォン・クラウゼヴィッツが大著『戦争論』で示した戦争観――に真っ向から挑戦状を突き付けたマーチン・

ファン・クレフェルト、の六名の思想家を取り上げてみたい。

この六名の思想家は、その時代背景や活躍した時期および場所について異なるものの、大戦略について、あるいは大戦略とは何かをめぐって生涯を通じて思いをめぐらせた（あるいは今なお思いを巡らせている）研究者および実務者である。筆者は、彼らの「生き様」を通じて、大戦略をめぐる様々な問題、例えば、戦争や戦略と政治の関係性、戦争や戦略と社会の関係性、国家政策と軍事力を架橋するものとしての戦略の有用性などについて、狭義の原理や原則などではなく、「接し方（アプローチ）」に関する何らかの示唆を読者に提供できればと期待している。

なるほど思想家やその戦略思想が現実の戦略形成に及ぼす影響については過大に評価されてはならない。この事実を踏まえたうえでこの六名の人物の思想と具体的な行動を概観することにより、本書の読者、とりわけ大戦略について真摯に研究したいと志す読者が何らかのヒントを得られたとすれば、筆者の望外の喜びである。

以下では簡単に本書の内容を紹介しておこう。

序章で大戦略（グランド・ストラテジー）という言葉の意味するところについて考えた後、本書の第1章は、地政学の父として知られるイギリスのハルフォード・マッキンダーについて論述する。

そこでは、マッキンダーの功績が高く評価される必要があること、さらには、「ハートランド」に代表される彼が用いた発想や概念が今日に至るまで、地理的環境と国際関係の問題を考えるうえで有用であることが論じられる。

だが同時に、必ずしも彼はハートランド理論や地政学といった体系的な学問領域の構築を目指していたわけではなく、同時代のイギリスが採るべき大戦略をめぐって政策提言を行っていたにすぎないことも事実である。さらには、数次にわたるマッキンダーの政策提言が、現実にはイギリスの大戦略にほとんど影響を及ぼし得なかった事実は、改めて想起する必要があろう。

第2章は、イギリスの歴史家マイケル・エリオット・ハワード卿を取り上げ、戦争と社会の関係性、戦争と政治の関係性、そして学問としての戦争学という側面から大戦略について考察する。

周知のように、ハワードは戦争学・戦略学の世界的権威である。彼は、戦争・戦略研究を一つの学問領域として確立した最も重要な学者であり、政府、軍、そして大学を一つに束ねた形で、従来よりも広範かつ深遠に戦争や大戦略をめぐる問題を研究するよう尽力した。また、教育者として、ロンドン大学キングスカレッジやオックスフオード大学で戦争学・戦略学の各種の講座を確立させ、その講義内容（シラバス）を最初に体系的に作成したのもハワードである。

同時に、ハワードはキングスカレッジ戦争研究学部および同カレッジのリデルハート軍事史料館の創設者であり、さらには、日本でもIISSとして知られるイギリス国際戦略問題研究所の共同創設者として高い評価を得ている。

ハワードは一人の学者として、教育者として、そして、新たな組織を創設・運営する経営者（マネージャー）——基金の獲得も学者が成功するための重要な条件である——としての才能に恵まれた、真に大戦略の思想家の名に値する稀有な人物であったと結論できる。

第3章はアメリカの国際政治学者バーナード・ブロディを取り上げ、なぜ彼が「戦略家のための戦略家」、あるいは「核時代のクラウゼヴィッツ」と高く評価されているのかについて考える。

彼の『絶対兵器——原子力と世界秩序』は核時代における「抑止」の概念を理解するための必読書であり、『ミサイル時代の戦略』と『戦争と政治』は、今日でも大戦略を研究するための基本文献とされている。

また、クラウゼヴィッツの『戦争論』の英語版にブロディが寄稿した二本の論考は、クラウゼヴィッツの戦争観を正しく知るためには必須との評価が高い。

なるほどブロディは、アメリカの戦略形成の「部内者」ではなく、「部外者」の位置にとどまったままであった。つまり、彼は当事者として実際にアメリカの大戦略──核抑止戦略──の立案に携わることはなかったのである。

だがその一方で、ブロディは冷戦期アメリカの戦略をめぐる議論の議題（アジェンダ）を設定し続けた。彼はその生涯を通じて大戦略、とりわけ核抑止戦略をめぐるパラドクス（逆説）と苦闘したのである。同時代の流行やトレンドに振り回されることなく戦争や戦略の本質を追究し続けたブロディの姿勢を学ぶことこそ、大戦略とは何かについて理解するための第一歩なのかもしれない。

本書の第4章は、アメリカの歴史家ヘンリー・キッシンジャーを取り上げる。

キッシンジャーと聞くと読者は通常、実務者としてのイメージを抱くであろう。確かに、一九七〇年代の米中和解や米ソの緊張緩和（デタント）に代表されるように、アメリカの大戦略あるいは国家安全保障政策における彼の活躍には目覚ましいものがあった。

だが同時に、キッシンジャーは優れた歴史家であり、またアメリカを代表する戦略家でもある。彼は、歴史家として蓄積した「理論」を、実務者あるいは戦略家として「実践」できた稀有な人物なのである。

キッシンジャーの名著の一つ『キッシンジャー　回復された世界平和』（伊藤幸雄訳、

原書房、二〇〇九年）は、一七八九年のフランス革命とその後の革命戦争およびナポレオン戦争によって破壊されたヨーロッパの国際秩序を再構築し、その後ほぼ一世紀にわたる平和を確保したとされるオーストリア宰相メッテルニヒとイギリスの外相カースルレーを中心としたウィーン体制を分析した研究書である。そこでは、「勢力均衡」と「正統性」の確保が国際秩序の構築と維持には不可欠であるとの彼の確信が示されており、この書は将来の国際秩序のあり方を考えるうえでも、極めて多くの示唆を与えてくれるに違いない。

だが、キッシンジャーには、大戦略、とりわけ核戦略の「創始者」というよりは、むしろ「消費者」であるとのやや否定的な評価も存在する。おそらく彼は、「ジェネラリスト」としてその能力を遺憾なく発揮したのであり、必ずしも「スペシャリスト」ではなかったのであろう。

大戦略の思想家としての評価を得る一つの条件として、同時代の固定観念を疑い、挑発的ではあるが説得力に富む議論を展開できる能力が挙げられる。この点について、アメリカの国際政治学者エドワード・ルトワックほど、今日、戦争や大戦略をめぐる問題で大きな論争を巻き起こし、人々の固定観念に挑戦し、また、現実の政策立案や研究への示唆を与え得た人物はいないであろう。

第5章では、ルトワックが繰り返し指摘する戦争や戦略の領域を支配するパラドクスの概念を手掛かりに、ヴィジョナリーとしての彼の戦争観、平和観、そして戦略観について検討する。

なるほどルトワックの主張には、挑発的ではあるが必ずしも論理的ではなく、首尾一貫していないところも多々見受けられる。だが、今日でも独創的な議論を展開し、人々を刺激し続けている彼の功績は決して小さくないように思われる。

第6章は、イスラエルの歴史家マーチン・ファン・クレフェルトを取り上げる。多岐にわたるクレフェルトの著作の真髄は、通説を徹底的に疑ってかかる彼の研究姿勢そのものにある。その最も代表的な作品が『戦争の変遷』であり、この中で彼は、クラウゼヴィッツの戦争観――すなわち、今日の一般的な戦争観――を厳しく批判した。

実際、原書の副題が明確に示す通り、この書はクラウゼヴィッツ以降の武力紛争（武力紛争とは戦争より広い概念を示す）に対する最も劇的な再評価を試みた著作である。『戦争の変遷』は、まさにクラウゼヴィッツの『戦争論』を強く意識し、『戦争論』を超える著作を目的として執筆されたものであった。

クレフェルトによれば、クラウゼヴィッツは人々を戦いへと駆り立てる要因を理解していない。クラウゼヴィッツは、戦争を合理的（＝政治的）な目的を獲得することを企図した合理的な営みであると捉えていたため、いかなる要因が実際に人々を戦いへと駆り立てるのかといった問題については深く考察しなかった。

だがクレフェルトによれば、戦争とは誰かが他者を殺したいと思う時に始まるのではなく、個人や集団がある大義のために死ぬ覚悟ができた時に始まるのである。

さらに『戦争の変遷』の中でクレフェルトは、今日の世界が直面しているのは「非三位一体戦争」――低強度紛争――であるにもかかわらず、主要諸国の軍隊は依然として通常戦争を戦うための教育および訓練を続けており、また、兵器を装備していると批判すると同時に、主権国家はその大戦略の方針転換を図り、軍隊の教育・訓練方法を変更すべきであり、さらには兵器の調達計画も変える必要があると主張する。

なお、詳しくは序章を参照いただくとして、本書で大戦略とは政治における高次の概念であり、軍事や外交はもとより、財政や経済、さらには文化といった領域をも含む場を意味する。国家戦略とほぼ同義と考えてもらいたい。また、本書の中で単に「戦略」と表現している個所も、基本的には大戦略を指していることもあらかじめお断りしておきたい。

文民政治家による戦争指導——すなわち大戦略の策定と遂行——という概念が注目を集め始めた時期は、二〇世紀前半の第一次世界大戦前後である。当時のフランス宰相ジョルジュ・クレマンソーが、「戦争は将軍だけに任せておくにはあまりに重大な事業（ビジネス）である」との認識のもと、大戦略は国家政策の頂点に立つ文民政治家が自ら考えなければならないと述べたことが大きな契機となった。

つまり、いわゆる総力戦の時代を迎えたからこそ文民政治家が戦争を指導すべきとの認識であり、これは、例えば本書の「おわりに」で紹介するドイツの軍人エーリヒ・ルーデンドルフの「総力戦理論」とは大きく異なる立場である。そして、ここから文民政治家による戦争指導のほぼ同義語として、当初は「高級戦略」、その後は「国家戦略」、そして「大戦略（グランド・ストラテジー）」といった概念が登場してくるのである。

言うまでもなく、二〇世紀において大戦略について思索した人物は、本書で取り上げた六名にとどまるものではない。とりわけ、大戦略という概念を一般に定着させたイギリスの戦略思想家バジル・ヘンリー・リデルハートの存在は絶対に忘れてはならない。

だが、筆者はかつて『リデルハート——戦略家の生涯とリベラルな戦争観』（中公文庫、二〇二〇年）を上梓し、彼の生涯とその思想についてすでに紹介したため、本書では序章で触れるにとどめた。

また、冷戦期のアメリカの大戦略——その象徴が「封じ込め」戦略——を作成したと高く評価される外交官ジョージ・ケナンなども、本来であれば取り上げる必要があろうが、ケナンについてはすでに日本語で優れた評伝や研究書が多数出版されているため、本書では対象としなかった。同様の理由で、遊撃戦の概念で知られる中国の毛沢東、さらにはウィンストン・チャーチルやシャルル・ドゴールといった著名な政治家も取り上げていない。

実際、本書で取り上げた六名は、いずれもその名前は日本で知られている、あるいはすでに著作の邦訳がいくつか出版されているものの、その根底を流れる思想についてはまだ十分に検討されていない人物ばかりである。

最後になったが、本書の出版に際して日本経済新聞出版社の堀口祐介氏に深く御礼申し上げたい。堀口氏の助言と忍耐力がなければ、本書が完成することはなかったであろう。

二〇一三年八月

石津 朋之

大戦略の思想家たち

もくじ

第1章 ハルフォード・マッキンダーと「戦略地図」

第2章 マイケル・ハワードと戦争学、あるいは戦争と社会

第3章 バーナード・ブロディと抑止戦略

第4章 ヘンリー・キッシンジャーとその外交戦略

第5章 エドワード・ルトワックと戦略のパラドクス

第6章 マーチン・ファン・クレフェルトと「非三位一体戦争」

序章

大戦略（グランド・ストラテジー）とは何か

はじめに――戦略について

本書の「はじめに」でも述べたように、大戦略（グランド・ストラテジー）という概念が注目され始めたのは、第一次世界大戦前後である。それまでは、やや次元や意味合いが異なるとはいえ、戦略という言葉が一般に用いられていた。そこで、最初に戦略という言葉が意味するところについて考えてみよう。

戦略とは何か、そして何が戦略を形成するのか。こうした問題を考えるためには、当然ながら戦略という言葉の定義を明確にする必要があるが、残念ながら、ここであらかじめ本章の結論的なことを述べてしまえば、戦略とは極めて多義的で曖昧な概念であるということになる。

実際、『戦略の形成――支配者、国家、戦争』（ウィリアムソン・マーレー、マクレガー・ノックス、アルヴィン・バーンスタイン編著、石津朋之、永末聡監訳、「歴史と戦争研究会」訳、ちくま学芸文庫、上・下巻、二〇一九年）の中の戦略決定のプロセスをめぐる論考「はじめに――戦略について」でウィリアムソン・マーレーとマーク・グリムズリーは、戦略という言葉を定義することがいかに困難であるかを指摘している。

彼らによれば、戦略とは優れて敵・味方の相互作用をめぐる問題である。そして、偶然性、不確実性、多様性が支配する世界で状況や環境を変化させる恒常的なプロセスである。確かに戦略とは、こうした不可測な要素が支配している領域である。

また、マーレーとグリムズリーは戦略形成というプロセスに影響を及ぼす要因として、地理、歴史的経験、イデオロギー、文化、政府組織の特性、の五つを挙げている。さらに、この書の最終章（第19章）「おわりに——戦略形成における連続性と革命」でマクレガー・ノックスは、過去に戦略を変化させ、また、将来においても戦略を変化させると考えられる要因として、官僚制度、大衆政治、イデオロギー、技術、経済力、を挙げている。

いずれにせよ、戦略とは多面性を備えた概念であり、だからこそ彼らはこの書で、戦略思想家やある国家の政治体だけに注目して戦略を分析する従来の研究手法を厳しく批判したのである。

1 戦略の多義性

ギリシア語に起源

実は、戦略という言葉の多義性や曖昧性については従来から指摘されている。

この言葉が、ギリシア語の「ストラテゴス」(strategos) あるいは「ストラテギア」(strategia) に由来する事実はよく知られているが、ストラテゴスとは戦時において軍隊の指揮を執るためアテネ市民から選ばれた文民および軍人官僚(あるいは、その双方の資質を備えた一人の人物)を指し、ストラテギアとは「将軍の知識」を意味するとされる。このように、戦略という言葉の起源は狭義の軍事の領域に求めることができる。だが、その後、この言葉は徐々にではあるが時代の要請に応じる形でその意味するところを拡大してきた。

戦略について思いを巡らせる際、プロイセン=ドイツの戦略思想家カール・フォン・クラウゼヴィッツやイギリスの戦略思想家バジル・ヘンリー・リデルハートが示した定義は、議論の出発点として今日でもしばしば引用される。

例えば、クラウゼヴィッツはその著『戦争論』で戦略を、「戦争目的を達成するための手段として戦闘を用いる術（クンスト）」と定義している。「換言すれば、戦略は戦争計画を作成し、戦争を構成する複数の戦闘の予定を計画し、そして、個々の戦闘において遂行される戦闘行為を規定するものである」。当然ながら、このクラウゼヴィッツの定義が示唆していることは、戦略とは政治の領域を含んだ広い概念であるという点である。

一方、リデルハートはその著『戦略論――間接的アプローチ』の中で、戦略という言葉を、「政治目的を達成するために軍事的手段を配分・適用する術（アート）」と定義したが、このリデルハートの定義は、戦争や戦略の政治性――あるいは大戦略（グランド・ストラテジー）の重要性――を雄弁に物語るものとして、今日では広く一般に受け入れられている。

2 リデルハートと大戦略(グランド・ストラテジー)

そこで、以下ではバジル・ヘンリー・リデルハート(Basil Henry Liddell Hart)(一八九五―一九七〇年)の『戦略論』を手掛かりに、大戦略(グランド・ストラテジー)とは何かについて考えてみよう。

リデルハートは、「戦略」は必ずしも敵の軍事力の撃滅を唯一の目的とすべきものではないと主張する。例えば、戦争全体または特定の戦域において敵が軍事的優位を維持していると判断された場合、自国政府が制限目的の戦略を採用することは賢明な措置である。彼が「制限目的の戦略」と呼ぶものについて、『戦略論』には以下のように記されている。

『戦略論』

「制限目的の戦略を採用する一般的理由は、勢力均衡の変化を待つというものである。すなわち、敵に打撃を与える冒険的行動ではなく、敵を『棘』で刺し弱体化させる方法で、敵の兵力を徐々に枯渇させることを目的として用いるのである。敵兵力の枯渇が味方と比べて不均衡なまでに大きくなることが、この戦略の不可欠な要件である。このような戦略の目的は、以下の行動によって達成される。すなわち、敵の補給線に対する攻撃、敵兵力に対して撃滅または不均衡なまでに大きな損害を強いること、敵が不利な攻撃を仕掛けざるを得ないよう誘うこと、敵兵力を過度に分散させること、そして最も重要なことは、敵の精神的、肉体的エネルギーを消耗させることである」。

こうした認識を前提にリデルハートは、戦略という言葉を前述の「政治目的を達成するために軍事的手段を配分・適用する術（アート）」であると定義する。なぜなら、「戦略は単に兵力の運動（戦略の役割はしばしばこう定義される）に影響を及ぼすだけでなく、その効果に対しても影響を及ぼすからである」。

大戦略（グランド・ストラテジー）とは何か

リデルハートは、「戦術」が「戦略」の低次における適用であるのと同様に、「戦略」は「大戦略」の低次の適用であると主張した。

ここでリデルハートは、大戦略（グランド・ストラテジー）という新たな概念を世に問い、その重要性を強調することになる。「戦争遂行を指導する政策と同義語であるが、その目的を支配する基本的な諸政策とは区別して『大戦略』という用語を用いることは、『国家目的遂行に際しての政策』というニュアンスを出すためには有益である。というのは、大戦略（高級戦略）の役割は、一国ないし一連の国家群のあらゆる資源を戦争の政治目的、すなわち、基本的政策の規定する目標の達成に向かって調整および指向することだからである」。

さらに彼は、「大戦略は、各軍種を維持するために国家の経済的、人的資源を勘案すると共に、それらを発展させるべきである。また、国民の意欲を涵養することは、その他の物質的資源の保持と同様に重要であるため、精神的資源の発展も必要となる。大戦略はまた、各軍種間および軍と産業間の資源配分を調整する役割も担う。さらには、軍事力は大戦略を構成する要件の一つにすぎない。大戦略は、経済的、外交的圧力、貿易上、倫理上の圧力、さらには敵の意志の弱体化といった要素を考慮に入れ、かつ、それらを適用しなければならない」と指摘している。

ここでリデルハートが強調している点は、戦略が見通し得る地平線の限界は戦争自体に限られる一方で、大戦略の視野は戦争の限界を超えて戦後の平和にまで拡大されるという事実である。

だからこそ、大戦略は単に各種の手段を結合するだけでなく、同時に、将来の平和状態に害を及ぼさないよう、換言すれば、安全保障と繁栄のために、手段の使用方法を調整すべきなのである。つまり、大戦略という言葉が登場したのは、従来、戦争を戦略と戦術という二つの次元に分けて語ることが一般的であった一方で、戦争とは優れて政治的な営みであるとの認識から、国家政策を意味する言葉として用いられるようになったからである。

リデルハートにとって大戦略という言葉は、何よりも非軍事的手段で戦争を遂行するというニュアンスが含まれる。同時に、戦争における直近の目的だけではなく、その後に続く平和についても視野に入れた長期的な観点の概念であった。

政治と戦争の関係性

以下では、大戦略あるいは戦争と政治の関係性について、『戦略論』の中からリデルハートの所論を紹介しておこう。興味深いことに、この問題をめぐるリデルハートの認識は、驚くほどクラウゼヴィッツの戦争観に近い。リデルハートとクラウゼヴィッツはしばしば対極に位置する戦略思想家として比較されるが、戦争の政治性をめぐる問題に関する限り、リデルハートはほぼ正確に『戦争論』でのクラウゼヴィッツの戦争観を継承していると言っても過言ではない。
『戦略論』には、次のような記述が見られる。

「なぜなら、国家は国家政策の遂行のために戦争を行うのであり、戦争のために戦争を遂行するのではないからである。軍事目的は、政治目的に対する単なる手段にすぎない。それゆえ、軍事的に（すなわち、実質的に）不可能なことを政治が求めないという基本条件が満たされるのであれば、軍事目的は政治目的によって支配されるべきものである」。

「歴史の教えるところでは、軍事的勝利の獲得自体は、必ずしも政治目的の達成を意味するものではない」。

「すなわち、『戦略』が単に軍事的勝利に関する問題であるのに対し、『大戦略』はより長期的な見通しを必要とする。というのは、『大戦略』は平和を獲得する問題であるからである」。

「戦争の目的とは、少なくとも自らの観点から見て、より良い平和を達成することである。それゆえ、戦争の遂行に当たっては自己の希求する平和を常に念頭に置かなければならない。これこそ、『戦争は他の手段をもってする政治の継続である』とするクラウゼヴィッツの戦争に関する定義の根底を流れる真実である。したがって、戦争を通じた政治の継続は、戦後の平和へと導かれるべきことを常に銘記する必要がある。仮に、ある国家が国力を消耗するまで戦争を継続した場合、それは、自国の政治と将来とを破滅させることになる。

仮に、戦勝の獲得だけに全力を傾注して戦後の結果に対して考慮を払わないのであれば、戦後に到来する平和によって利益を受け得ないまでに消耗し尽くしてしまうであろう。同時に、そのような平和は、新たな戦争の可能性を秘めた、言うなれば悪しき平和にすぎないのである。このことは、数多くの歴史の経験によって実証されている教訓である」。

リデルハートの戦争観

次に、『戦略論』の中でリデルハートの戦争観、あるいは大戦略の位置付けが最も明確に表れているのが以下の記述である。

「戦争は理性に反するものである。というのは、戦争は交渉によって問題の解決に失敗した場合、力でその問題を解決しようとする方法であるからである。しかしながら、戦争の目的を達成しようとすれば、戦争は理性をもって統制されなければならない。それは以下の理由による。

①戦うということは物理的行為であるが、他方において、その方向は心理的プロセスである。戦略が優れていればいるほど、容易に優勢を確保でき、その代償も小さい。

②逆に、力を浪費すればするほど、戦局悪化の危険性は高まる。仮に戦争に勝利したとしても、戦後の平和を活用するための力は低下する。

③敵に苛酷であればあるほど、敵側の感情は悪化し、当然、味方が克服しようとする敵の抵抗は大きくなる。それゆえ、敵・味方の力が拮抗していればそれだけ、極端な暴力を回避するほうが賢明である。というのは、極端な暴力は敵の指導者に従う軍隊や国民を団結させる恐れがあるからである。

④このような計算はさらに広がる。自己中心的な講和を征服によって強要しようとする意図が明らかであれば、目的達成のための障害は大きくなる。

⑤さらに、味方が軍事的な目標を達成したとしても、敗者に対する要求が過大であれば、味方の処理すべき困難は増大し、また、戦争によって解決を

見た事項を反故にするための口実を敵に与えることになる」。

リデルハートはさらに、「力は、その使用に当たり最も慎重かつ理性的な計算で統制されない限り、悪循環を繰り返す。というより、螺旋状に進行すると言うほうが正しいのであろう。このように、元来、戦争は理性の否定によって開始されるのであるから、戦争のあらゆる段階を通じて、理性の否定を要求するものである」と述べている。

彼によれば、戦争は理性の否定を要求する。だからこそ、大戦略の次元での政治による統制が強く必要とされるのであるが、こうした点に注目すれば、やはりこのリデルハートの認識はクラウゼヴィッツの戦争観とほぼ一致するように思われる。

戦後の展望を見据えた戦争

また、戦争を遂行するに当たり戦後の構想を常に描いておく必要があるとのリデルハートの所論の核心は、『戦略論』の以下のような記述に表れている。

「戦前よりも戦後の平和状況、とりわけ国民の平和状況が良くなるというのが真の意味での戦争の勝利である。この意味での戦勝の獲得は、速戦即決によるか、あるいは、長期の戦争であっても自国資源と経済的に均衡が取れた場合のみ可能となる。目的は手段に応じて適合されなければならない。

賢明な政治家であれば、そのような戦争の勝利が十分に見込めなくなった時は、平和交渉のための好機を逸するようなことはしない。交戦当事諸国が偶然、相互の実力を認識し合ったことを基礎として戦局が手詰まり状態に陥った結果、講和が結ばれたとしても、少なくともこれは、相互の国力消耗の果てに結ばれた講和より良いのであり、実際、このほうが永続的平和のための基盤となることが多かったのである」。

リデルハートによれば、「勝利という蜃気楼」を追求する際も、決して戦後への展望を見失わないことが政治家の責任なのである。

「交戦当事諸国の力があまりに拮抗しており、早期に勝利を獲得する機会がない時には、戦略の心理学から何かを学ぶ政治家は賢明である。仮に、敵が強固な陣地を占領し、味方が攻略するためには高い代償を必要とすることが明らかであれば、敵の抵抗を最も速やかに弱体化する方法として敵の退却線を開けておくことは、戦略の初歩的原則である。同様に、敵に下に降りるための階段を用意してやることは、政治の原則、とりわけ戦争の原則である」。

3 戦略から大戦略(グランド・ストラテジー)へ

ジュリアン・コルベット

以上がリデルハートの大戦略をめぐる認識であるが、実は国家政策の次元での戦略という概念を最初に打ち出した人物は、イギリスの海軍戦略思想家ジュリアン・コルベットであり、彼は国家政策の次元での戦略を「主要戦略（major strategy）」と名付け、軍事の次元における「副次的戦略（minor strategy）」と明確に区別した。これを受けてリデルハートが「大戦略(グランド・ストラテジー)（grand strategy）」という概念を提唱したのである。

その後、例えばアメリカの歴史家エドワード・ミード・アールはその編著『新戦略の創始者――マキャベリーからヒットラーまで』（山田積昭、石塚栄、伊藤博邦共訳、原書房、上・下巻、一九七八年）の中で、「今日の世界では戦略とは、国家資源の統制、その利用法、ならびに（軍隊を含めた）国家間の協力、それらの生命線の確保、国益の増進などを包含し、敵の現実的・潜在的な攻撃、さらには時として攻撃すると予測される敵に対応する術（アート）までその領域に含まれる」と述べるに至り、また、イギリスの歴史家で本書の第2章で取り上げるマイケル・ハワードは『第二次世界大戦におけるイギリスの大戦略（グランド・ストラテジー）』シリーズの自著の中で、「二〇世紀前半の大戦略（グランド・ストラテジー）とは、戦時における国家政策の目標を達成する目的で、基本的に富、マンパワー、工業力という国家資源の動員および配分、そして同盟諸国の国家資源、可能であれば中立諸国の国家資源をも動員および配分することである」と記している。

当然ながら、この時期に戦略という言葉がその意味するところを拡大することになった背景には、戦争がすべての国民を巻き込んだ総力戦――前述の第一次世界大戦はその一例――へと変貌を遂げた事実、そして、二〇世紀後半の核兵器の登場およびその威力の強大化がある。まさに戦争は、軍人だけに任せておくにはあまりにも重要な事業（ビジネス）になったのである。

また、日本では伊藤憲一が大戦略（＝国家戦略）を「一国がその生存および繁栄の条件を確保し、さらには理想とする価値を世界に実現していくことを目指して、利用可能な政治的・経済的・文化的・心理的・軍事的その他の手段を駆使して環境に適応しようとし、あるいは環境を改善しようとする、そのための科学と技術を総合的に捉えて国家戦略と呼ぶ」と定義している。

さらに言えば、戦略あるいは大戦略という言葉が軍事の領域や国家政策の安全保障面に限られていた時代とは異なり、今日のようにこれが経営学や経済学の領域、さらには環境学の領域でも日常的に用いられるようになった事実を考えると、もはやここで紹介した定義だけでは不十分なのかもしれない。いずれにせよ戦略や大戦略とは、その時代の要請や状況によって定義が多様化するダイナミックな概念であることは疑いない。

戦時内閣（ウォー・キャビネット）

こうして文民政治家による大戦略の策定とその遂行が強く意識されるにつれて、かつてイギリスは、戦時に際して通常の内閣と比べて小規模な「戦時内閣（ウォー・キャビネット）」を創設し、迅速で効率的な戦争指導ができるよう組織的な改革を行った。

この戦時内閣は、第一次世界大戦（一九一四～一八年）で最初に創設され、その後、第二次世界大戦（一九三九～四五年）、フォークランド戦争（一九八二年）、湾岸戦争（一九九一年）と計四回創設されたが、その中でも第二次世界大戦時の宰相ウィンストン・チャーチルが率いた戦時内閣は今日でもその成功例として知られている。

また、二〇〇一年の「9・11アメリカ同時多発テロ事件」後のアメリカも、通常の国家安全保障会議（NSC）とはやや異なるいわゆる戦時内閣的な組織を発足させ、直ちに「テロとの戦争」の方針を定めた。

もちろん、こうした事例はあくまでも戦時における大戦略の策定およびその遂行をめぐるものである。だがその一方で、国家の安全保障の領域が軍事はもとより、資源問題や経済問題といった多岐にわたるものになりつつある今日、そして国際テロリズムやサイバー攻撃に象徴されるように平時と戦時の境界が曖昧になりつつある今日、平時から国家の大戦略を策定する組織の必要性が強く認識され始めた。

その結果として、日本でも現行の安全保障会議の機能をさらに強化する形で平時から大戦略を考える常設の組織――日本版の国家安全保障会議――を創設するための準備が進められたのである。実際、その過程で一時期話題に上った国家安全保障室構想や国家戦略局（室）構想なども、その一端と考えてよいであろう。

4 大戦略（グランド・ストラテジー）を考える

大戦略（グランド・ストラテジー）の要諦

では、以下で改めて今日における大戦略（グランド・ストラテジー）とは何かについて考えてみよう。

ウィリアムソン・マーレーは二〇一一年の共編著『大戦略の策定（*The Shaping of Grand Strategy*）』の第1章「大戦略を考える」の中で、大戦略とは大国をめぐる事項であり、大国のみが形成し得るものであると主張する。すなわち、小国あるいは中規模国家は大戦略を策定する可能性などほとんど持ち得ないというのである。

だが、本書『大戦略（グランド・ストラテジー）の思想家たち』での筆者の強い確信は、たとえ日本に代表される中規模国家――いわゆる「ミドル・パワー」――でも、大戦略の形成は可能であるとするものである。なぜなら、筆者にとって大戦略とは、その国家の「意志」と大きく関係しているものであり、たとえ中規模国家であっても、強固な意志さえ備えていれば大戦略を形成することは十分に可能との立場を取るからである。さらに言えば、小国や中規模国家だからこそ大戦略の存在が決定的なまでに重要となるのである。

この点について筆者は、マーレーの見解とは大きく異なるものの、大戦略をめぐるそれ以外の認識はほぼ共通しているため、以下、『大戦略の策定』の内容の紹介を続けよう。

マーレーによれば、大国がとりわけ大戦略を必要とするのは、その国家が「過剰拡大（オーバー・ストレッチ）」した時期である。つまり、大国は自らが過剰拡大に直面した国際環境において、困難な選択を求められることになる。その結果、大戦略とは大国にとって資源と利益などの均衡を逸した状況下で、現実に適応する能力に関する事項になる。換言すれば、大戦略とはリスクの均衡を図ることであり、その均衡が妥当であることを確実なものにすることである。

長期的な見通し

また、大戦略を策定しそれを確実に遂行できる指導者とは、今日の要請を超えて行動できる人物を示唆する。つまり、彼らはただ単に今日の状況に反応するだけにとどまらず、より長期的な見通しのもとで行動することが求められるのである。だからこそ、大戦略が成功するためには、指導者は絶対に長期的な目標を見失ってはならないのである。

それと同時に、将来の目標に到達するために指導者は、今日の困難な状況に自らを適応させる努力が求められる。その結果、大戦略の遂行には、柔軟性、実現可能性、そして、何よりも目的と手段をうまく調和させる能力あるいは術（アート）が必要とされることになる。

言うまでもなく、大戦略とは戦争遂行という目的のためだけに存在するのではない。歴史上、偉大な大戦略の思想家の多くは、戦争に訴えることなく「勝利」を獲得し得たのであり、その最も顕著な事例がいわゆる冷戦でのアメリカである。

フランス人農夫が作るスープ

今日の大戦略を理解するための最も有用な類推（アナロジー）としてしばしば引き合いに出されるのは、フランス人農夫が作るスープである。すなわち、一週間もの間様々な食材が無造作に鍋に放り込まれ、そして、その都度食されるといった類（たぐい）のものであり、正式ないわゆるレシピなどほとんど分からない。

だからこそ大戦略は、指導力（リーダーシップ）、ヴィジョン、直観、プロセス、適応、国家に固有かつ特異な発展の影響、さらには地理的位置の影響など、多数の要素から構成されているとされるのであるが、そこには何らかの優先順位が存在しているわけではなく、こうした要素が混在しているだけである。

その中でも特にマーレーは、『大戦略の策定』で地理、歴史的経験、イデオロギー、文化、政府組織の特性、さらには同盟や個人の資質といった要素を重視しているにすぎない。

そうしてみると、大戦略について我々が考えるべき問題とは、例えば、地理的位置がどのように大戦略の策定に影響を及ぼすのか、政府の特性がどのように大戦略の発展に影響を及ぼすのか、大戦略の成功および失敗に同盟の役割あるいは単独主義がいかに作用するのか、さらには、首尾一貫した大戦略を保持した結果として大国の地位を確保し、それを維持し得た事例とはいかなるものか、などについてである。

さらにマーレーは、大戦略あるいは大戦略の成功のための原理や原則などは存在しないとも主張する。重要なのは、いかなる文脈（コンテクスト）のもとでそれが生まれたかである。逆に、理論や抽象的な原理や原則、さらには政治科学的モデルでは、大戦略の本質など絶対に理解し得ない。なぜなら、大戦略は流動する国際環境の中でのみ存在しているからである。

おわりに——プロセスとしての大戦略（グランド・ストラテジー）

大戦略が成功するためには、絶え間ない変化と適応が求められる。政治的な圧力および緊張という文脈のもと、意思決定というプロセスの文脈のもと、さらには、ある目標を定めたとしても、その後、自らの計算を不可避的に外部環境に適応しなければならない状況のもと、大戦略が形成されるからである。

なるほど最終的な目標は明確であるかもしれない。だが、そのために利用可能な手段、そしてその道筋は不確かである。その結果、こうした困難な現実を克服するためにも、大戦略には冷徹に計算された判断だけでなく、直観という不可測な要素が求められることになる。

結局のところ、大戦略とは何かについて少しでも理解しようとすれば、政治指導者や軍事指導者が過去に直面した不明確な状況を把握することから始めなければならない。同時に、こうした指導者が将来において直面するであろう困難についても把握することが求められる。

そして、こうした状況や困難を把握することこそ大戦略を成功させるための第一歩なのであり、大戦略の成功のために何か決定的な秘策あるいは近道があるわけではない。

それでは、次章から六名の思想家の人物像と思想を検討することにより、さらに具体的に大戦略について考えてみよう。

（主要参考文献）
PHP「日本のグランド・ストラテジー」研究会編『日本の大戦略（グランド・ストラテジー）——歴史的パワーシフトをどう乗り切るか』PHP研究所、二〇一二年
石津朋之著『リデルハート——戦略家の生涯とリベラルな戦争観』中公文庫、二〇二〇年
ウィリアムソン・マーレー、マクレガー・ノックス、アルヴィン・バーンスタイン編著、石津朋之、永末聡監訳、「歴史と戦争研究会」訳『戦略の形成——支配者、国家、戦争』ちくま学芸文庫、上・下巻、二〇一九年
Williamson Murray, Richard Hart Sinnreich, James Lacey, eds., *The Shaping of Grand Strategy: Policy, Diplomacy, and War* (Cambridge: Cambridge University Press, 2011).

第1章

ハルフォード・マッキンダーと「戦略地図」

はじめに——地政学とは何か

一般的に地政学とは、地理的な環境あるいは位置関係が国際関係に与える影響をマクロの視点から研究する学問であるとされる。「国家間および国際社会に関する一般的な関係を、地理的要因から理解するための枠組み」との簡潔な定義も存在する。政治地理学との関係性も深く、戦略学とも強く結び付いている。もちろん、地理的環境と政治や軍事の関係性についての考察は古くから行われていたものであり、例えば古代ギリシアのヘロドトスの著『歴史』の中でもその一端がうかがえる。

また一見、地政学とは無関係と思われる人物、例えばドイツの政治哲学者カール・シュミットの『大地のノモス——ヨーロッパ公法という国際法における』や『陸と海と——世界史的一考察』などにも、地政学的な発想や概念を強く思い起こさせる記述が含まれている。しかしながら、近代における地政学の源となったのがマッキンダーの一連の著作であることは事実である。

ただし、地政学という学問体系が真に存在し得るのかについては議論の分かれるところであり、また、当然ながらマッキンダー自身は、地政学という表現を一度も用いたことはない。

大別して地政学には、シー・パワー（海洋国家）の系譜を引くものとランド・パワー（大陸国家）の系譜のものとに分類され、シー・パワーの地政学とは主としてイギリスやアメリカに代表される島嶼国家（インシュラー・ステート）で発展したものであり、当然ながら海洋との関係性が極めて強い。例えば、海軍力を用いて制海権を獲得、海上交通路を維持し、海外交易により国家の繁栄を図るといった世界観であり、こうした国家は異質なものとの共存が比較的容易であるとされる。

逆に、ランド・パワーの地政学とはドイツに代表される大陸の国家で発展したものであり、陸続きで近隣諸国と接触しているため安全の確保が困難であり、また、国家は拡張する運命にあるとの経験に基づく想定のもと、異質なものとの共存が比較的困難とする世界観である。もちろん、こうした分類は絶対的なものではなく、当然ながらその定義にも曖昧さが残る。

1 マッキンダーと彼の世界観

マッキンダーとその時代

近代地政学の父として、そして、その著『デモクラシーの理想と現実（*Democratic Ideals and Reality*）』で知られるハルフォード・J・マッキンダー（Halfard J. Mackinder）（一八六一―一九四七年）は、イギリスの地理学者である。マッキンダーは一八六一年、イギリスの田舎町で医者の長男として生まれ、その後、オックスフォード大学に進学した。大学在学時に彼は、大学での研究・教育が現実の世界から乖離している事実を憂い、「新しい地理学」を提唱することになる。

この「新しい地理学」とは、地理や歴史の研究を従来のアカデミックな（＝空虚な）閉鎖的環境から切り離して、人々の生活の便益に直接的に関わり合うことを目指したもので、その基本的な考え方は、『デモクラシーの理想と現実』にも色濃く反映されている。

マッキンダーという人物を考える際に重要となる点は、彼が大英帝国の絶頂期の学者であると共に、著名な探検家であり、また政治家であった事実である。マッキンダーが生きた時代は、まさにイギリスの絶頂期、また、それゆえ、その黄昏を意識し始めた時期と重なる。広大な植民地を海外に多く有する大英帝国の指導者層は、グローバルな視点から国際関係を考える習慣を自然に身に付けることとなり、その意味においてマッキンダーは、帝国主義時代のイギリスの申し子とでも言うべき人物であった。探検家として彼は、アフリカ大陸で二番目に標高が高いケニア山の登頂にヨーロッパ人として初めて成功している。

彼はまた政治に対しても強い関心を抱き、一九一〇～二二年の間、イギリス下院議員を務めており、イギリスの大戦略に対する政策提言も数多く行っている。

さらにマッキンダーは、分野の枠を超えて多くの学問領域に関心を抱き、また経営にも長けた学者であった。実際、彼はオックスフォード大学では当初、生物学を専攻しようと考えていたが、最終的には地質学、歴史学、そして法学を学び、法学の分野においては弁護士の資格を取得している。そして一八九九年、オックスフォード大学が地理学院を創設した時、マッキンダーはその初代院長を務め、また、一九〇四年にロンドン大学に経済学院（今日のLSEの前身）が新設された時には、その院長として長年にわたって同学院の経営に関わっている。

マッキンダーの主要な著作

マッキンダーの地政学を理解するためには、次の三つの著書および論考の内容を検討する必要がある。

第一は、マッキンダーの名を後世に残すうえで決定的に重要な役割を果たすことになる、一九〇四年のロンドンの王立地理学協会での講演「地理学からみた歴史の回転軸（"The Geographical Pivot of History"）」である。この論考は『デモクラシーの理想と現実』に収められているが、彼はこの中で「回転軸あるいは中軸地帯（pivot）」――後に「ハートランド」――といった概念を提唱した。

第二は、一九一九年に刊行した『デモクラシーの理想と現実』であるが、この表題は、一九一七年にアメリカが第一次世界大戦に参戦した大義とも言える「民主主義（デモクラシー）に とって安全な世界を構築する」ことに対する、彼の言う現実主義外交からの回答であった。

第三は一九四三年、まさに第二次世界大戦中、マッキンダーは「球体の世界と平和の勝利（"The Round World and the Winning of the Peace"）」という論考をアメリカの『フォーリン・アフェアーズ』誌に寄稿している。それ以外にも彼は、一九二二年に『イギリスとイギリスの海洋（*Britain and the British Seas*）』という名著を出版しているが、これは地政学とは直接の関係はない。

マッキンダーのそもそもの出発点は、地理的な環境と歴史的な出来事の間には、何らかの関係性が存在するのではないかとの素朴な疑問であった。そして、こうした著書および論考を世に問う前提として彼の念頭には、一九世紀末、交通、運輸、通信分野における大きな変革の結果、ユーラシア大陸内部に強大な国家が出現する可能性が高まったとの認識があった。

また、一九一四年に勃発した第一次世界大戦に対してマッキンダーは、これをユーラシア大陸の心臓部（＝ハートランド）を支配しようとするランド・パワー（ドイツやオーストリア＝ハンガリーなどの大陸国家）と、阻止しようとするシー・パワー（イギリス、カナダ、アメリカ、ブラジル、オーストラリア、ニュージーランド、日本などの海洋国家）および半島国家（フランス、イタリアなど）の同盟の間の対立であると捉えた。

そして、世界の平和――イギリス、あるいはイギリスを中心とする民主主義（デモクラシー）諸国にとっての平和――を維持するためには、東ヨーロッパ（＝ハートランド）を支配する強大なランド・パワーの出現を許してはならないと考えたのである。もちろん、ここで強大なランド・パワーとして想定されているのはドイツであり、またロシア（あるいはソ連）であった。

前述したように、マッキンダーの世界観は二〇世紀はランド・パワーの時代であるというものであった。それまではシー・パワーが優位であったのに対して、鉄道に象徴される技術の発展によりランド・パワーの人員・物資の輸送が容易になった結果、ハートランドを支配する国家がイギリスの脅威となると考えたからこそマッキンダーは、イギリスを中心とするシー・パワーの同盟による封じ込めを強く唱えたのである。

つまり彼は、ランド・パワーの勢力および影響力の拡大という脅威に直面して、母国イギリスをいかに守るべきかについての大戦略を描いていたのであり、その具体的な政策を提言していたのである。そのためマッキンダーは、例えば第一次世界大戦後、ソ連（あるいは共産主義）の拡大を阻止するために、東ヨーロッパに緩衝国家地帯を創設する構想を積極的に提言したのである。

マッキンダーのさらなる世界観は、全世界が閉鎖された一つの空間になりつつあるというものであった。全世界が一つの閉鎖された空間になりつつあるということは、イギリスの伝統的な外交政策である「光栄ある孤立」が意味をなさなくなったことを示唆する。かつてローマ帝国が地中海を「閉鎖海（クローズド・シー）」としたように、ユーラシア大陸に出現するであろう強大なランド・パワーが世界の海洋全体を閉鎖海にする可能性が高いとマッキンダーは考えたのである。

そうしてみると、実はマッキンダーはイギリスの「戦略地図」を常に思い浮かべながら、いかにして民主主義（デモクラシー）諸国が民主主義（デモクラシー）世界に平和と安定をもたらすべきかについて思索したのであり、その際、彼はイギリス人に固有の「船乗りの視点」から世界を眺めていたのである。だからこそ、彼の論述には「島嶼（インシュラー）」という表現が数多く出てくるのである。

地政学に対する批判の一つとしてその「土着性」が常に指摘されるが、マッキンダーが示した発想や概念は、イギリスの視点から、イギリスの平和のために、イギリスの大戦略を論じていたにすぎないのであり、土着性が強いのはむしろ当然と言える。

2 マッキンダーと「ハートランド」

「東欧を制する者はハートランドを支配する」

マッキンダーは時代と共に「ハートランド」という言葉の意味するところを変えているため、今日では少し誤解され、混乱を与えているかもしれないが、基本的に彼はユーラシア大陸の内陸部をハートランドと名付け、このハートランドがヨーロッパの周辺地域や沿岸地域に対して多くの戦略上の利点を有していると考えた。

ハートランドが有する戦略上の利点とは、例えば、これがユーラシア大陸の中心的な軸となる地域を占めていること、そして、海軍力を基盤としたユーラシア大陸の西方の国家、すなわちイギリスからこの地域が守られていることである。

こうした前提を踏まえたうえでマッキンダーは、ハートランドを制するユーラシア大陸の国家が全世界を支配するであろうと考えたのである。「東欧を制する者はハートランドを支配する。ハートランドを制する者は世界島(ワールド・アイランド)を支配する。世界島を制する者は全世界を支配する」との有名な言葉である。

そして、一九世紀から二〇世紀の境目にかけての時期にあたかもハートランドを支配することに成功したかのように見えたドイツあるいはロシアこそ、全世界を支配する国家であると彼の目には映ったのである。その後、一九一七年に彼がハートランドと考えたロシアで革命が起こり、また、一九三〇年代にはドイツが再び台頭し、さらには、ナチス政権下で地政学に対する関心が高まったこともあり、一躍マッキンダーの名が知られるようになったのである。

マッキンダーは、ユーラシア大陸とアフリカ大陸を合わせた地域を「世界島」、世界島の中央部でシー・パワーの影響が及ばない地域をハートランドとし、ランド・パワーの拡大はハートランドを基盤として世界島、さらには全世界に広がると考えた。また、ハートランドの外縁部に二重の地域を設け、それをそれぞれ「内側の三日月（クレセント）地帯」と「外側の三日月（クレセント）地帯」と名付け、内側の三日月地帯でランド・パワーとシー・パワーが衝突するとの構図を示した。

「拡大ハートランド」

また、第二次世界大戦中に執筆した第三の論考の中でマッキンダーは、当時の国際情勢の変化に適応する形でハートランドの範囲をさらに拡大し、北アメリカ大陸を含めた地域を「拡大ハートランド」と定めた。そして、世界島の外部にアメリカという強大なシー・パワーかつ民主主義（デモクラシー）国家が台頭したという事実を踏まえたうえで、世界島を支配しようという脅威に対しては、アメリカ、イギリス、フランスなどの同盟で対抗すべきと唱えたのである。

橋頭堡としてのフランス、海洋に守られた空軍基地としてのイギリス、これにアメリカとカナダ東部の訓練された人員、農業力、そして工業力を合わせた同盟という発想である。なお、この論考でマッキンダーは北大西洋を中心とする海洋・河川地域を「ミッドランド・オーシャン」と呼んでいる。

だが、ここで確認すべき事実は、こうした三つの著書および論考による政策提言を行ったにもかかわらず、マッキンダーの提言が母国イギリスの大戦略や軍事戦略に影響を及ぼしたことを示す証拠は全く見つかっていないことであり、また、マッキンダーは地政学やハートランド理論といった厳格な意味での学問体系を構築することなど全く念頭になかったことである。おそらく、彼には学問体系の構築との意識がなかったがゆえ、言葉の厳密な定義にはこだわらなかったのであろう。

3 地政学の発展

ゲオポリティーク

いずれにせよ、こうしたマッキンダーの発想や概念は、ナチス政権下でドイツの東方への帝国主義的拡張を理論的に支える手段としての「地政学（ゲオポリティーク）」へと発展する。同時に、適者生存を中核とする社会進化論から大きな影響を受けたフリードリヒ・ラッツエルの「生存圏（レーベンスラウム）」や、ルドルフ・チェーレンの「自給自足（アウタルキー）」の思想といったものが、ドイツで注目されるようになった。

そして、この生存圏と自給自足という二つの概念を基礎としてドイツにおける地政学の発展に大きく寄与した人物が、カール・ハウスホーファーである。

ハウスホーファーは第一次世界大戦後、戦争で弱体化したドイツ国家および民族の再興を目的として、全世界を緯度・経度で四つの生存圏（「汎アメリカ」「汎アジア」「汎ユーラ・アフリカ」「汎ロシア」）に分割、それぞれの生存圏をアメリカ、日本、ドイツ、ソ連が盟主として治めることを唱えた。このハウスホーファーの「統合地域（パン・リージョン）」という発想は、疑いなくマッキンダーの影響を強く受けている。だが、結局のところ彼が唱えた統合地域とは大国間の棲み分け、大国間の対立を空間的に解決しようとした試みにすぎない。

アメリカの地政学

第二次世界大戦後、地政学はアメリカでさらに発展することになる。ある意味において地政学とは覇権国（ヘゲモン）の世界観の表明であるため、この時期のアメリカでの地政学の開花は当然とも言えようが、例えば第二次世界大戦後の国際秩序の青写真を描いたジョージ・ケナンの「封じ込め」政策もマッキンダーから多くの示唆を得ていたとされる。

また、その後ニコラス・スパイクマンは、ランド・パワーとシー・パワーの対立という単純な構図に疑問を呈したうえで、「リムランド」という概念を提唱した。リムランドとは、マッキンダーの言う「内側の三日月地帯」にほぼ一致する場所である。そして、ヘンリー・キッシンジャー（本書の第4章で取り上げる）やズビグニュー・ブレジンスキーに代表されるように、地政学が現実政治（リアルポリティーク）と結合する形で、冷戦時の東西対立構造を単純かつ分かりやすい図式で人々に説明するために用いられた。また、マルクス主義が地理的決定論を否定したこともあり、地政学をファシストの理論と批判していたロシア（ソ連）においても、冷戦終結と共に地政学が一つの学問領域として認知されるようになったと言われる。

興味深いことに、後述する多くの批判にもかかわらず、地政学は冷戦後も今日に至るまでその人気が衰えていない。すなわち、マッキンダーの発想や概念は、宇宙にまで適応されつつある。

今日のアメリカを中心とする地政学は彼のハートランドという概念を宇宙空間にまで拡大し、膨大な資源を有する太陽系を宇宙空間のハートランドであると捉える。また、地球と宇宙の中間に位置する空間（earth-space）が、戦略上最も重要な場所であるとされるが、これはマッキンダーの世界観での東ヨーロッパに当たる。つまり、「地球と宇宙の中間にある空間を制する者は、太陽系全体を支配する」ということであり、こうした宇宙空間でのハートランド支配をめぐる争いがすでに始まっているとの見解も存在する。

4　何やら怪しげな学問

地政学への批判

このような地政学の発展に対しては、その妥当性や有用性について多くの疑問が寄せられることになり、地政学が一つの学問領域たり得るかについては、今日でも論争が続けられている。

批判の第一として、ナチス・ドイツに代表されるように、地政学が国家の帝国主義的拡張政策を正当化するイデオロギーとして用いられた事実が挙げられる。もちろん、カール・マルクス等の『共産党宣言』がソ連や中国での共産主義革命に大きな影響を及ぼしたからと言って、それが直ちにマルクス自身の責任につながらないのと同様に、ナチス・ドイツの政策とマッキンダーやハウスホーファーに代表される地政学の関係性を過度に強調するのは誤りであろう。

だが、確かにアドルフ・ヒトラーの『わが闘争』にはハウスホーファーの影響が色濃くうかがえ、地政学がドイツの国家政策に理論的根拠を与えたことは事実である。

ただし、地政学がそうした政策を決定的なまでに主導したとするのは、やはり「思想」というものが現実の政策に及ぼす影響を過大に評価しすぎているように思われる。

第二に、地政学とは地理的決定論に基づいているとの批判が存在する。つまり、領土といった空間の持つ意味についてどう考えるかという問題である。端的に言えば、単なる領土の広さといった地理的環境を国力や国家政策の基準とする見方は決して絶対的なものではなく、逆に領土や人口の多寡といった地理的な条件よりも、通商や交易といった経済の効率性が国家の繁栄に影響を及ぼすことは当然である。国際関係を地理的な要因だけで分析しようとする手法は、通商や交易に代表される問題が国際関係を考察するうえで大きな要因となっている事実を無視することになりかねない。また、国際関係におけるイデオロギーや文化といった価値の問題を全く捨象していると批判されても仕方がない。

加えて、その国際関係において主体（アクター）の多様化が指摘される中、依然として主権国家を中心とした見方には疑問も多い。さらにそうした主体――ここでは主権国家――の国内要因を考えても、国内の組織および集団の利害関係は多様であり、国家は決して一枚岩的な存在ではないのである。確かに、領土や人口といった地理的環境が国際関係において一定の意味を持ち得るのは事実であろうが、それのみが国家の繁栄にとって絶対的な条件となることなどあり得ない。

より具体的な第三の批判として、地政学はそれが発展した二〇世紀前半の鉄道、自動車、艦船などの技術水準を前提としており、その議論が新たな技術の発展に全く追い付いていないとするものが挙げられる。もちろんこの批判は、必ずしも地政学といった領域に限定されることではないが、例えば、エア・パワー、スペース・パワー、サイバー・パワー、さらにはNCW（ネットワーク中心の戦争）といった技術の発展に地政学の発想や概念が適応できていないのではないかという問題である。

なるほど例えばマッキンダーが、エア・パワーの潜在能力を十分に見抜けなかったとしても仕方がないが、その後の地政学の多くが、あたかもこうした技術の発展を無視するかのような形で、「二次元」での議論にとどまっていた事実は否定できない。実際、前述の宇宙空間における地政学――アストロポリティーク――も、その内容は著しく説得力に欠ける。

第四に、今日の国際関係は経済のグローバル化が進むなど相互依存が深化しているにもかかわらず、国家間の対立を前提として一国の安全保障のみを追求する、それも、軍事力志向の地政学は時代遅れとの指摘もある。

第五に、地政学は極めて主観的な色彩が強く、実証性に乏しいとされる。その結果、地政学の用語は意味内容を持たない言葉の羅列にすぎないとの厳しい指摘が出てくるのである。例えば中国の歴史で「中原（ちゅうげん）」という表現がしばしば用いられるにもかかわらず、その意味するところが曖昧であるのと同様、マッキンダーのハートランドという概念も恣意的かつ主観的なものにとどまる。さらに踏み込んで言えば、彼のハートランドをめぐる議論は、「中原」をめぐる議論と比較してより説得力を有するものなのであろうかとの疑問もある。

マッキンダーの世界観との関連で言えば、第六に、ヨーロッパ的な制約、すなわち母国イギリスとドイツ、そしてロシア（ソ連）の三国間関係にあまりにも注意を奪われており、さらには、ロシアに対する過大な評価とアメリカの軽視には甚だしいものがある。

最後の批判として、ヨーロッパを中心として発展した土着性の強い地政学の発想や概念を全く異なった環境、例えば今日の日本に何ら検証することなく無批判に適応することの浅薄さが指摘されている。

もちろん、地政学のすべてが否定されているわけではない。実際、地政学には、あまりにも静的かつ解釈的であった旧来の地理学に欠如していた、実践性や人間精神を復活させる側面があったとの一定の評価が存在することは事実である。

だが、よく考えてみれば地理的要因が時として国家の大戦略の策定に大きな影響を及ぼし得るのは、言わずもがなの事実であり、何人(なんぴと)も地理的環境から逃れることはできない。事実、マッキンダー自身が、地理的環境は国家政策を直接決定するものではないが、それを条件付けるほどの影響力を備えていると抑制的に述べていたのである。

国際関係を包括的に理解するためには、少なくとも「国際環境」「国内要因」「時代精神」といった三つの次元での考察が必要であるが、一般的に地政学はその一つのみ、「国際環境」の次元に考察の対象を限定しているようである。また、ランド・パワーであるドイツやロシアへの警戒心と母国イギリスの凋落に対する焦りが混交したマッキンダーの世界観に代表されるように、地政学は理論や学問と呼ぶにはあまりにも粗雑な発想や概念の寄せ集めにすぎないとも言える。

以上、地政学というものが帝国主義、植民地主義、そしてそれに伴う戦争を正当化する擬似科学として二〇世紀前半を中心に大きく発展したことは事実であり、また、二項対立といった分かりやすい構図を用いることで、複雑な国際関係を怪しげなままの明快さで断定する傾向が強いことも事実である。

こうした旧来の地政学に対して、例えばポール・ヴィリリオは『速度と政治――地政学から時政学へ』において、情報・通信技術の発展が領土や空間の意味を失わせた結果、これからは地政学ではなく、「時政学」の時代であると説いた。ヴィリリオの「今日、速度が戦争なのだ。最後の戦争なのだ」との指摘は正しい。

確かに、今日の戦争においては「空間」が消滅しているだけでなく、「時間」が収縮している。例えば、核兵器の運搬手段としてのミサイルに代表される技術の発展により、敵・味方の反応時間と政治的な決定時間が限りなくゼロに近付いているのである。そしてこの事実は、はたして戦争というプロセスにおいて人類の政治的理性が入り込む余地が残されているのかといった問題、つまり、すべてが瞬時に判断され、決定されなければならないという問題を人類に突き付けることになる。

ヴィリリオは、技術に裏打ちされた「速度」の運用によって、地理――距離――という概念が陳腐化され、全面的な「非安全地帯」を創出するというプロセスは、海から陸へ、そして空へと拡大されたと主張する。

また、本書の第5章で紹介するアメリカの国際政治学者エドワード・ルトワックは、その論考「地政学から地経学へ」の中で、冷戦後の世界は領土問題や軍事問題よりも経済的な要因が重要になると考え、経済の観点から地政学を再検討したうえで「地経学」という概念を提唱するに至った。

おわりに——地政学の復活?

おそらくハウスホーファーの影響もあり、第二次世界大戦までの日本では地政学研究が盛んであった。実際、日本、ドイツ、イタリアの三カ国にソ連を加えた四カ国構想や「ユーラシア大陸ブロック構想」などには、ドイツ地政学の影響が色濃くうかがわれる。一九四五年の敗戦と共に研究そのものは下火になったが、国家政策への地政学の安易な協力関係についてはほとんど反省されることはなかったという。そして、日本での地政学への関心は近年、アメリカからの影響もあってか、再び高まっている。

例えば、昨今の「自由と繁栄の弧」という構想の核心は、民主主義、自由、人権、法の支配、市場経済に代表される普遍的価値を普及させることによって、ユーラシア大陸の外縁部に自由と繁栄の弧を創るとするものであったが、明らかにこの構想はマッキンダーの影響を色濃く受けたものであった。その内容の是非はともかく、この構想は第二次世界大戦での「大東亜共栄圏」構想以降、日本が初めて「理念」で国家の大戦略を語ったという点では特筆すべき事例であった。

さらに一九八〇年代以降の日本では、アフガニスタン侵攻に対するソ連脅威論、シーレーン防衛に代表されるグローバルな次元での安全保障問題、そして中東を中心とする資源・エネルギー問題などを分かりやすく説明するため、あまりにも安易に地政学が用いられる傾向が見受けられる。軍事の次元のものであるが、いわゆる「北方重視防衛戦略」などもその典型的な事例である。

もちろん第二次世界大戦前の日本でも、朝鮮半島などを日本の「利益線」や「生命線」と定めていたことは周知の事実であり、また近年では日本に限らず中国でも、「第一列島線」「第二列島線」「第三列島線」といった地政学的な言説を用いて国際関係が論じられている。「不安定な弧」や「真珠の首飾り」といった表現もよく聞かれるようになった。

その意味ではあまり懸念する必要はないのかもしれないが、一九八〇年代を中心としてアメリカやヨーロッパ諸国で旧来の地政学に対する「批判地政学」が展開された一方で、逆に日本では、旧来の地政学がそのまま装いを新たに復活したことは問題である。つまり、地理的環境は絶対的ではなく、あくまでも相対的な一つの指標にすぎないにもかかわらず、マッキンダーに代表される地政学的な発想や概念を、無批判に日本やアジア地域の国際関係に適応しているのである。

だがよく考えてみれば、例えば当たり前のように理解されている日本がシー・パワーであるとの認識も、実は極めて疑わしいものである。かつてアメリカの海軍戦略思想家で、地政学の発展にも大きく貢献したとされるアルフレッド・セイヤー・マハンは、国家の海軍力（シー・パワー）に影響を及ぼす基本的な要素として六つの項目を挙げた。

それらは、「地理的位置」「地勢（産物や気候を含む）」「領土の拡がり」「人口数」「国民の性質」、そして「政府の性質（国家の制度を含む）」であるが、その中でも「人口数」と「国民の性質」でマハンは、海運や漁業のような海洋での活動に従事する人口を重視すると共に、こうした活動に対する国民の志向を問題にした。また、海洋での自国民の活動を積極的に支援する政策の存在が、その国家をグローバルな勢力にまで高める最大の要因であるとした。これがマハンの言う「政府の性質」である。

日本の「戦略地図」

　こうしたマハンの指摘を踏まえて日本について考えてみると、その地理的条件、さらには食糧や産業資源などに対する海洋への高い依存度にもかかわらず、日本は古代アテネやヴェネチア、さらにはイギリスに代表されるシー・パワーとは決して言えないのである。

　なるほど歴史上、日本の視線が何度か海洋（あるいは海洋を超えた朝鮮半島、中国大陸、東南アジアなど）に向けられた時期はある。しかしながら、今日、とりわけ海洋に対する国民の意識の希薄さを考える時、日本はシー・パワーとしての資質に乏しいと結論せざるを得ない。マハンが指摘したように、こうした問題を考えるうえで重要なことは国家および国民の意識、すなわち世界観や意志という要素である。

　今日の日本が置かれた状況を最も適切に表現するための用語をあえて探せば、残念ながらそれは「島国」ということになろう。日本は、真の意味での大陸国家ではない。だが同時に、前述のように、その地理的条件、さらには食糧や産業資源などに対する海洋への高い依存度にもかかわらず、海洋国家でもないのである。

　日本で七月に「海の日」が制定されているのは、日本が海洋国家である事実を改めて認識するためであるとされるが、はたして、日本国民は自国の生存に対する海洋の重要性をどれほど認識しているのであろうか。ただし、一点付言すべき点として、例えば二〇一三年四月二六日に閣議決定された新たな海洋基本計画に代表されるように、近年では日本政府も積極的に海洋への取り組みを進めている。

また、シー・パワーの特性の一つとして、交易のために必要な情報(インテリジェンス)の重視がしばしば指摘されるが、日本はどれほど情報といった要素を重視しているのであろうか。

いずれにせよ、今後、日本で地政学が真の意味での学問領域として確立されるためには、研究者や実務者のさらなる探究はもとより、何よりも地政学を大上段に振りかざすのではなく、節度をもってこれを議論することが求められる。

すなわち、例えば意味不明の「地政学的リスク」といった表現を安易に用いるのではなく、地政学が学問体系の一つである――あるいはその可能性がある――以上、ボトムアップで研究と実践を着実に積み重ねるしか道はないのである。地政学であるためには、政治学の要素が多分に含まれるはずである。また、その際、日本独自の歴史や伝統に支えられた日本独自の地政学を構築する必要がある。すなわち、日本の「戦略地図」を描くことが求められているのである。

最後に、地政学の父としてのマッキンダーの功績は高く評価される必要があることは認める一方で、さらには、彼が用いた発想や概念が今日に至るまで、地理的環境と国際関係の問題を考えるうえで有用であることは否定できない事実であるが、同時に、彼がハートランド理論や地政学といった体系的な学問領域の構築を目指していたのではなく、同時代のイギリスが採るべき大戦略や軍事戦略をめぐって政策提言を行っていたにすぎないという事実、さらには、数次にわたる彼の政策提言が、現実にはイギリスの大戦略にほとんど影響を及ぼし得なかった事実は、改めて想起する必要があろう。

（主要参考文献）

ハルフォード・ジョン・マッキンダー著、曽村保信訳『マッキンダーの地政学――デモクラシーの理想と現実』原書房、二〇〇九年
曽村保信著『地政学入門――外交戦略の政治学』中央公論社、一九八四年
ポール・ヴィリリオ著、市田良彦訳『速度と政治――地政学から時政学へ』平凡社、二〇〇一年
カール・シュミット著、生松敬三、前野光弘訳『陸と海と――世界史的一考察』福村出版、一九七一年
カール・シュミット著、新田邦夫訳『大地のノモス――ヨーロッパ公法という国際法における』福村出版、上・下巻、一九七六年
庄司潤一郎著「地政学とは何か――地政学再考」防衛研究所ブリーフィング・メモ（二〇〇四年三月）

コリン・グレイ、ジェフリー・スローン共著、奥山真司訳『胎動する地政学——英、米、独そしてロシアへ』五月書房、二〇一〇年
石津朋之編著『名著で学ぶ戦争論』日本経済新聞出版社、二〇〇九年
石津朋之、永末聡、塚本勝也共編著『戦略原論——軍事と平和のグランド・ストラテジー』日本経済新聞出版社、二〇一〇年
Geoffrey Parker, *Geopolitics: Past, Present and Future* (London: Pinter, 1998).

第2章

マイケル・ハワードと戦争学、あるいは戦争と社会

はじめに——ハワードとその時代

マイケル・エリオット・ハワード卿（Michael E. Howard）は、一九二二年一一月二九日生まれのイギリスを代表する戦争・戦略研究者であり、オックスフォード大学では戦争史および現代史の講座担当教授を務め、アメリカのエール大学でも教鞭を執っている。ハワードはまた、ロンドン大学キングスカレッジ戦争研究学部および同カレッジのリデルハート軍事史料館の創設者であると共に、日本でもＩＩＳＳとして知られるイギリス国際戦略問題研究所の共同創設者である。

さらにハワードは、ロンドン大学歴史学研究所の中に「軍事史セミナー」を設立した中心的人物であり、その同志にはブライアン・ボンドやドナルド・キャメロン・ワットといった、後にイギリスの戦争史および外交史研究を主導する学者もいた。彼はまた、イギリス学士院会員でもあり、一九八六年には爵位を授かっている。

ハワードは名門のパブリックスクール（私立高校）であるウェリントンカレッジで教育を受けた後、オックスフォード大学のやはり名門カレッジであるクライスト・チャーチで学んだが、その学生生活は第二次世界大戦によって中断されることになる。学生時代のハワードは、文学や詩、そして演劇に熱中していたようである。第二次世界大戦でハワードは、一九四三〜四五年の間、イギリスで長い伝統を誇る連隊であるコールドストリーム・ガーズの将校としてイタリア戦線に従軍した。ハワード自身、後年のあるインタビューの中で、第二次世界大戦での実体験が彼の戦争研究への関心を呼び起こしたと回想している。彼はこの戦争で二度にわたって負傷し、イタリア戦線でのサレルノの戦いでは軍事勲章を授与されている。

オックスフォード大学に復学したハワードは同大学卒業後（彼は博士号を取得していない）、ロンドン大学キングスカレッジで学者としての道を歩み始め、その後、同カレッジに新たに戦争研究学部を創設する。ハワードは戦争研究を一つの学問領域として確立した最も重要な学者であり、政府、軍、そして大学を一つに束ねた形で、従来よりも広範かつ深く戦争をめぐる問題を研究するよう尽力した。

また、ロンドン大学キングスカレッジやオックスフォード大学での戦争学・戦略学の講座要綱（シラバス）を最初に体系的に作成したのもハワードである。例えば今日、スコットランドのグラスゴー大学などでも戦争学が盛んであるが、これは、ハワードがロンドンやオックスフォードで築き上げた学問体系を、後進の戦争史家ヒュー・ストローン（現在はセントアンドリュース大学教授）が継承したものである。

ハワードはイギリス労働党と深いパイプを持っており、そのため社会主義者とのレッテルを貼られたことさえあったが、同時にマーガレット・サッチャーの保守党政権下でも政策顧問（アドバイザー）を務めるなど、同国の政界への影響力も強い。こうした交友関係を深めるために彼は、今日でもイギリスに伝統的なロンドンの「社交クラブ」を積極的に活用した。

彼はその晩年も積極的に執筆活動を続け、*Liberation or Catastrophe?: Reflections on the History of the Twentieth Century* (London: Continuum, 2007)（単著）、*A Part of History: Aspects Of the British Experience of the First World War* (London: Continuum, 2008)（序文）といった話題の著作を刊行したが、二〇一九年に死去した。

1　戦争と社会

デルブリュックとハワード

ハワードは、自らの青年期において影響を受けた人物として、オックスフォード大学教授であるシリル・フォールズ、本書の序章で言及したバジル・ヘンリー・リデルハート、そしてやはりオックスフォード大学教授のヒュー・トレヴァー＝ローパーの名前を挙げている。周知のように、フォールズは退役軍人の歴史家であった。また、リデルハートは当時のイギリスを代表する戦略思想家であり、最後のトレヴァー＝ローパーは大学時代のハワードの指導教官（チューター）であった。

さらに彼は、生涯にわたる自身の関心領域を、戦争研究、戦争と社会の関係性、戦略研究の三つであると述べているが、彼と親しいある研究者によればハワードの真の関心領域は、ドイツ問題（そしてその解決を複雑化させるイギリス問題）、ソ連問題、そして戦争と社会の関係性という三つであったという。

さらに限定してハワードの戦争観に影響を及ぼした人物としては、リデルハート、フランスの政治哲学者であるレイモン・アロン、そして、ドイツの歴史家ハンス・デルブリュックの名前が挙げられる。とりわけ彼の代表作である『ヨーロッパ史における戦争』の内容の構成と分析手法にはデルブリュックの影響が強くうかがわれるが、実際、ドイツ語が堪能なハワード（ハワードの家系はユダヤ系ドイツ人）は、デルブリュックの著作を丁寧に読んでいた。

デルブリュックは、膨大な史資料の分析を通じて古代ギリシアから同時代に至るまでの戦争の歴史を批判的に考察したことで知られる。彼は、教訓を導き出すために戦争の歴史を単純化する旧来の軍事史研究を強く批判する一方で、その主著『政治史の枠組みの中における戦争術の歴史』で、戦争の歴史を純粋な歴史学の一部として研究するために客観性の確保に努力した。そして、こうした過程でデルブリュックは、戦いの実態を可能な限り詳細に分析することによって、戦争の様相がその時代特有の政治や社会の状況に規定される事実を明らかにしたのである。

デルブリュックと同様にハワードは、戦争と社会の関係性に注目することにより、戦争学という領域を従来の個々の戦闘を分析するだけのものから、戦争全体を同時代の大きな社会的文脈のもとで捉えるよう拡大した点で高く評価されている。彼は、伝統的な軍事史研究――過去の戦争や戦闘の歴史から今日適応可能な教訓を安易に得ようとするもの――を厳しく批判したうえで、自らの研究姿勢、すなわち、過去がユニークな存在であるとの認識と、今日の戦略的選択を得るための教訓を得ようとすることの無意味さの受容を基調とした歴史観を提示した。

歴史は教訓を教えてくれない

ハワードは戦争がいかにして進展するのか、いかに社会構造の発展が戦争の特性に影響を及ぼすのかについて理解しようと努めた。繰り返すが、ハワードによれば仮に歴史家が教訓を示すことができるとしても、歴史そのものは教訓など決して教えてくれない。歴史を研究する目的は何らかの教訓を得るためではなく、過去を理解するためである。そして過去を理解することにより、自己と自らの社会を理解することができるとハワードは述べている。その意味において、自らが伝統的で叙述体を用いる歴史家であるとの彼の自己評価は正しいのであろう。

実は、一九六六年のいわゆる「ハワード・イングリッシュ報告」の中で、彼がイギリス軍の教育機関のあり方の大きな変革を唱えたのもこの理由による。ハワードは正統な戦争学・戦略学をその講義内容(カリキュラム)に組み込むことにより、今日のイギリス軍の教育に対しても多大な貢献を果たしているのである。

では、以下でハワードの主著の内容を時系列で概観することにより、彼の戦争観および戦争研究の特徴について考えると共に、彼の代表作である『ヨーロッパ史における戦争』を理解するための手掛かりを探ってみよう。

2 クラウゼヴィッツとの出会い

普仏（ふふつ）戦争と戦争指導

ハワードは一八七〇～七一年のプロイセン（ドイツ）とフランスの戦争を取り上げた一九六二年の著作『普仏（ふふつ）戦争』の中で、この両国の軍隊がそれぞれの国家の社会構造をいかに反映したものであったかについて言及している。また、彼はこの書で、普仏戦争は、第一に過去の戦争とは明らかに異なった性質のものであり、二〇世紀という舞台を設定した戦争であったと述べている。

これは、この戦争によってドイツがヨーロッパの「戦略地図」に登場し、一九四五年に向けての過程を規定したという事実だけではなく、普仏戦争が、大量生産された技術が戦場にもたらされた最初の戦争であったからである。

第二に、ハワードは普仏戦争でプロイセンが勝利し、フランスが敗北したのは、ただ単に戦場でそうした結果が出たからではなく、オットー・フォン・ビスマルクやヘルムート・フォン・モルトケ（大モルトケ）が実施した一方で、フランスの指導者が実施し得なかったこと――ここに大戦略について考える鍵が隠されている――の違い、さらには、この両国の社会的背景と政治制度の違い、それも、おそらくは後者の理由が主となって勝敗を分けたと指摘する。

すなわち、対デンマーク戦争（一八六四年）、普墺戦争（一八六六年、プロイセンとオーストリアの戦争）、そして普仏戦争での大モルトケの軍事的勝利を基礎にして、その後、第一次世界大戦に至るまでプロイセン・ドイツ主導の平和を構築した宰相ビスマルクの政治指導である。

そしてハワードは、戦争の勝利を得るための一つの要件として、ビスマルク流の政治手腕、つまり、戦前・戦後はもとより、戦争中も常に軍事全般を政治的に統制する能力を備え、講和に向かう条件が整ったと判断すれば軍部の反対を抑えてでも戦争を早期に終結させ、かつ、戦場で獲得した軍事的勝利を政治的勝利へと変換でき、その後、長期にわたる平和を自国に有利な条件で確保することができる政治能力を挙げる。

例えば、普墺戦争の際、ビスマルクはケーニヒグレーツの戦いの後もさらなる勝利を求めて戦争継続を主張する大モルトケに代表される軍部を抑え、早期講和への道を選択した。なぜなら、ビスマルクは、オーストリア軍を軍事的に追い詰めればオーストリアとの講和がますます困難になるであろうこと、また、戦争の長期化に乗じてフランスが介入あるいは参戦する可能性があることを理解していたからである。また、ビスマルクは普仏戦争においても、国家としてのフランスの完全な無力化を強硬に主張する大モルトケに対して、戦争の目的はあくまでもドイツの統一であり、そのためにも大国であるフランスのプライドを傷付けることなく和平を講じることが最優先されるべきであると反論したのであった。

第三に、ハワードは一八七〇年秋までには戦争が交戦諸国の非戦闘員を巻き込む段階に達し、また、テロと反テロが大きな役割を演じる段階に突入したと指摘する。確かに、ストラスブルグやパリの攻城戦では、プロイセン軍砲兵部隊は意図的に民間人を砲撃の目標としたのであり、また、そのプロイセン軍がフランスの民間人による様々な抵抗運動に手を焼いた事実はよく知られている。

第四にハワードは、普仏戦争中のビスマルクと大モルトケの対立を研究した結果、今後は政軍関係が、戦争指導や戦争の統制という観点から死活的な問題になると主張した。この問題を解決することが、戦争が単なる不毛かつ絶え間ない行為に終わるのではなく、永続的な平和を確立することにつながると彼は考えたのである。

こうしたハワードの考察には、明らかに前述のデルブリュックともう一人のドイツの歴史学者ゲルハルト・リッターの影響が色濃くうかがえるが、この書は今日に至るまで、普仏戦争とその社会的背景を知るための基本文献としての地位を維持している。

『戦争論』英語訳（パレット・ハワード版）と政治と戦争の関係性

次に、パレット・ハワード版として知られるクラウゼヴィッツの『戦争論』はドイツ語の原書の最良の英語訳であるが、これが一九七六年に出版された背景の一つには、アメリカがヴェトナム戦争に最終的に敗北したという事実がある。周知の通り、アメリカはヴェトナム戦争において個々の戦闘ではほぼ勝利したにもかかわらず、戦争そのものには完敗した。

その結果、アメリカ国内ではなぜ同国がこの戦争に敗北したのかについてその原因を究明する動きが活発化したが、その一つの流れが、戦争や戦略の古典を改めて読み直すことにより、敗北の原因を探ろうとする試みであった。

当時のアメリカでは、クラウゼヴィッツ研究と共に孫子（そんし）の研究も積極的に行われたが、こうした古典研究が示唆したところはいずれも、アメリカは政治と戦争の関係性、外交と戦争の関係性について十分には理解していなかったという反省であった。

クラウゼヴィッツが『戦争論』で述べたように、「戦争は政治的行為であるばかりでなく政治の手段であり、敵と味方の政治交渉の継続にすぎず、外交とは異なる手段を用いてこの政治交渉を遂行する行為なの」であり、また「戦争における重大な企てとかかる企ての計画を純軍事的な判断に任せてよいといった主張は、政治と軍事を明確に区別しようとする許し難い思考であり、それ以上に、有害でさえある」のである。

『戦争論』の英語訳はこれまで何種類か出版されていたが、そのいずれも訳文の内容に相当の問題を抱えていた。その点、この書にも全く問題がないとは言えない。このパレット・ハワード版に対しては、あまりにもリベラルかつ合理主義的なクラウゼヴィッツの戦争観が提示されているとの批判が存在する。だが、ドイツ語の原文の意味をほぼ忠実に英訳し得たとの評価があることも確かである。

もちろん、この書の価値はその英訳の質の高さにとどまるものではない。例えば同書の冒頭には、編者であるピーター・パレットとハワード、さらには本書の第3章で紹介するバーナード・ブロディによるクラウゼヴィッツと『戦争論』に関する優れた解説論文が掲載されている。それぞれ「『戦争論』の誕生」「クラウゼヴィッツの影響」「『戦争論』の変わらぬ重要性」と題する解説論文は極めて質の高い内容であり、また、巻末にはやはりブロディによって『戦争論』を読む際の「手引き」が詳細に記されているため、こうした個所だけでも十分に一読に値する。

実際、この書はアメリカやイギリスといった英語圏諸国にとどまらず、世界中で『戦争論』を理解するための必読書と位置付けられており、併せて、同書からはクラウゼヴィッツの正統な継承者を自任するハワードの戦争観の一端をうかがい知ることができる。

また、ここまで紹介した二冊の著作とは別の『第二次世界大戦におけるイギリスの大戦略（グランド・ストラテジー）』シリーズの自著の中でハワードは、「二〇世紀前半の大戦略（グランド・ストラテジー）とは、戦時における国家政策の目標を達成する目的で、基本的に富、マンパワー、工業力という国家資源の動員および配分、そして同盟諸国の国家資源、可能であれば中立諸国の国家資源をも動員および配分することである」とクラウゼヴィッツの戦争観を継承しており、さらに別の論考では、クラウゼヴィッツが唱えた「政治」「軍事」「国民」という戦争の「三位一体」を敷衍（ふえん）して、「政治」「軍事」「国民」「技術」という四つの要素の重要性を指摘している。

また、これとは別の文脈でハワードは、クラウゼヴィッツの戦略の五つの要素（道義的、物理的、数学的、地理的、統計学的）をさらに発展させ、戦略の四つの位相（ダイメンション）、すなわち、「社会的位相」「作戦的位相」「技術的位相」「兵站的位相」に言及して、彼の言う「作戦的位相」だけに注目した旧来の戦略学の手法を厳しく批判した。彼がこうした著作で鋭く指摘したように、戦争、そして大戦略とは人類が営む大きな社会的な事象に関わるものなのである。

3 平和とは秩序である

クラウゼヴィッツの継承者

では次に、ハワードのクラウゼヴィッツ解釈について考えてみよう。一九八三年に初版が刊行され、改訂版が二〇〇二年に出版されたハワードの小著『クラウゼヴィッツ』（奥山真司訳、勁草書房、二〇二一年）は、近年、歴史家で論争となっていたクラウゼヴィッツの戦争観における「流血の勝利」の評価をめぐる論述に象徴されるように、クラウゼ『戦争論』やクラウゼヴィッツ研究の最先端の成果が含まれている。

『クラウゼヴィッツ』の冒頭では、クラウゼヴィッツの生涯が簡潔に描写されると共に、その時代の知的背景、軍事的背景、政治的背景が分析されており、『戦争論』が誕生した時代状況が明確に理解できる。また、この書でハワードはクラウゼヴィッツが理論の有用性を否定することなく、逆に、その限界を十分に意識しつつも戦争という社会的な事象を考える際に必要な枠組みを提供し得るものとして重視していた事実を指摘する。

周知の通り、戦争における不可測な要素の重要性を強調したクラウゼヴィッツは、ジョミニやビューローに代表される戦争の科学的な「原理」を追究する手法に対しては、否定的な立場を変えなかった。つまり、戦争は偶然といった要素に代表される「摩擦」に支配されているため、逆に、不可測な精神的要素が決定的な役割を演じることになるとクラウゼヴィッツは考えたのである。

さらにこの書でハワードは、『戦争論』でのクラウゼヴィッツの二つの命題の一つとされる政治と戦争の関係の重要性を改めて強調する。また彼は、前述の長年にわたって歴史家の論争の的となっている問題、すなわち、はたしてクラウゼヴィッツは戦闘こそ戦争の唯一の手段であると考えていたのかという問題に関して、クラウゼヴィッツは流血なき勝利を完全に否定したのではなく、流血を覚悟して初めて流血なき勝利が得られるという戦争のパラドクス（逆説）に言及していたとの見解を示している。

もちろんハワードは、クラウゼヴィッツのもう一つの命題とされる戦争の二種類の理念型についても言及している。そこでは、理論的には極限に達するはずの戦争が現実には制限される事実をいかにしてクラウゼヴィッツが認識し得たかについて、歴史的(社会的)、形而上学的、経験的な視点から説明がなされている。またハワードは、クラウゼヴィッツが『戦争論』の「防御」の編を加筆中に戦争の二種類の理念型の重要性に気付いた事実を指摘すると共に、今日では歴史家にあまり重要視されていないこの「防御」の編こそ、戦争遂行をめぐるクラウゼヴィッツの具体的な提言が含まれているため、改めて読み直す必要があると主張する。

さらにこの書でハワードは、第一次世界大戦へと至るドイツ、フランス、そしてイギリスの軍事戦略思想とそれにクラウゼヴィッツが及ぼした影響、さらには、いわゆる戦間期の空軍力の発展と空軍戦略思想、第二次世界大戦の戦争指導、核時代の大戦略に対するクラウゼヴィッツの影響について詳細に分析すると共に、「政治」「軍事」「国民」といった戦争の「三位一体」の重要性を強調している。

以上、この書はクラウゼヴィッツの正統な継承者を自任するハワードによる『戦争論』の優れた解説書と言える。だが、近年の研究動向が示すところは、『戦争論』に見出される「政治」の要素の重要性を強調するのは、ハワード、パレット、リッター、アンドレ・ボーフル等に代表される核時代のクラウゼヴィッツ解釈にすぎないのであり、残念ながら同書でハワードは、こうした解釈に異議を唱えるマーチン・ファン・クレフェルト（本書の第6章で取り上げる）やジョン・キーガン等の批判にほとんど答えていないように思われる。

つまり、はたして『戦争論』の中でクラウゼヴィッツがどれほど「政治」の重要性を認識していたのか、また、ハワードに代表されるクラウゼヴィッツ解釈は、彼の世代に特異な戦争観の反映にすぎないのではないかといった問題である。

確かに、クラウゼヴィッツが『戦争論』の中で「三位一体」という表現を明確に用いているのは一度だけであるにもかかわらず、なぜこの概念が後年、注目を集めるようになったのかといった問いについては、改めて検討する必要があろう。さらに言えば、戦争は政治に内属するというクラウゼヴィッツの戦争観の根本と信じられているものでさえ、疑って掛かる必要がある（この点については、Azar Gat, *A History of Military Thought: From the Enlightenment to the Cold War* [Oxford: Oxford University Press, 2001] を参照）。

『平和の創造と戦争の再生』と平和について

次に、ハワードの『平和の創造と戦争の再生』を手掛かりに、平和とは何かについて考えてみよう。

歴史を紐解いてみれば、人類は戦争を所与のものと考えていたばかりか、戦争を法的および社会的構造の基礎と捉えていたとさえ言える。少なくとも一八世紀のいわゆる啓蒙主義時代までは、こうした思考や認識はむしろ当然であった。だが、一九世紀に入ると戦争は悪であり、また、合理的な社会組織の創設によって根絶可能なものであると考えられ始めた。それにもかかわらず、このような理想が主要諸国の明示的な目標として真剣に取り上げられ始めたのは、二つの世界大戦を経験した後、二〇世紀後半になってからである。

だが残念ながら、今日でも戦争は根絶されることなく続発している。やはり、かつて大モルトケが皮肉を込めて述べたように、永久平和とは「夢にすぎず、麗しき夢ですらない」のであろうか。そして、いまだに戦争は国際秩序の形成や維持に不可欠な要素なのであろうか。多くの人々が信じているように、戦争と平和は対極に位置する概念なのであろうか。真実はむしろ逆で、相互補完関係にあるのではないか。平和そのものの中に戦争の萌芽が宿され、それが、最終的に戦争を生起させると言えないであろうか。

平和は創り出されるもの

こうした問題意識のもと、二〇〇二年に刊行した『平和の創造と戦争の再生』（初版の『平和の創造――戦争と国際秩序に関する省察』の刊行は二〇〇〇年）でハワードは、戦争と平和、さらには戦争と国際秩序の関係性について正面から取り組んでいる。この書は、一九七八年に出版された『戦争と知識人――ルネッサンスから現代へ』（奥村大作ほか訳、原書房、一九八二年）や『ヨーロッパ史における戦争』の初版の内容をさらに発展させ、国際秩序という視点から戦争と平和をめぐる根源的問題を考えた極めて刺激的な内容になっている。

この書の根底を流れるハワードの確信は、平和とは秩序にほかならず、平和（＝秩序）は戦争によってもたらされるというものである。つまり、戦争は新たな国際秩序を創造するために必要なプロセスなのであり、そして平和とは、創り出されたものなのである。その意味において、戦争の歴史は人類の歴史と共に始まったものであるが、平和とは比較的新しい社会的な事象と言える。ここに、社会的な事象としての戦争と平和というハワードの戦争観、そして平和観が見て取れる。

平和が人類の創造物であるとすれば、当然、それは人工的かつ複雑、極めて脆弱なものであり、いかにしてこれを維持すべきかが問題となる。このように考えると、平和は戦争よりもはるかに難解な存在であることが理解できよう。

この書の「エピローグ」の中でハワードは、先制攻撃に象徴される近年のアメリカの安全保障政策に対して強い懸念を表明しているが、それは、おそらく彼の懸念の根底に戦争の勝利の後にあるべき秩序に関する不安が存在するからであろう。誰が戦後の新たな秩序を維持するのか。また、アメリカや西側先進諸国にその意志と覚悟があるのかといった不安である。なぜなら、戦争によって創造された平和(＝秩序)は維持されなければ意味がないとハワードは確信しているからである。

4　ハワードと二つの世界大戦

第一次世界大戦とドイツの責任

前述のオックスフォード大学教授のストローンによれば、第一次世界大戦をめぐる膨大な著作の中でも二〇〇二年に出版されたハワードの『第一次世界大戦』(馬場優訳、法政大学出版局、二〇一四年）は、「小著の傑作」として特別の評価に値する。確かにハワードは、豊富な歴史知識を基礎としながらも平易な文体で小著を世に問うことで定評があり、実際、この書の彼の文章には無駄な部分が全く見当たらない。

ハワードは『第一次世界大戦』で、この戦争が兵士や一般国民に及ぼした影響を検討すると共に、連合国軍（イギリス、フランス、ロシアなど）と同盟国軍（ドイツ、オーストリア＝ハンガリーなど）の軍事戦略を概観、さらには、戦場での毒ガスの登場に象徴される非人道的行為、加速化された機械化戦争、イギリスにおける独立空軍の創設、海上での戦いとそれがもたらしたアメリカの参戦などについて、戦争と社会の関係性に配慮しながら包括的な論述を展開している。

また彼は、いわゆる銃後の戦い、食糧や燃料の欠乏、資源不足がドイツ国民の士気低下に決定的な影響を及ぼした事実、さらには、それがドイツの最終的な敗北につながった事実などを冷徹に指摘している。

戦争責任をめぐるハワードの見解も極めて明確であり、第一次世界大戦の最終的責任は、その原因においても戦争の継続においても、ドイツ指導者層にあるというものである。実際、彼はドイツ指導者層の特徴として、古風なまでの軍国主義、誇大な野心、神経症的な不安の三つを挙げているが、確かに一九一四年夏の時点で、軍事的にも心理的にも戦争の準備が整っていたのはドイツだけであった。

また、この書でハワードは、クラウゼヴィッツの「三位一体」の概念を手掛かりとして第一次世界大戦の原因論を考察しているが、ここに当時の「時代精神」に対する彼の鋭い洞察が見受けられる。例えば、この戦争の開戦当初におけるヨーロッパの人々の熱狂ぶりについてはしばしば言及されるが、彼はもう少し冷ややかに当時の「時代精神」、とりわけフランス国内全体を包んでいた空気が、戦争の甘受あるいは諦めにも似たものであった事実を指摘する。すべての農民が動員された結果、土地の耕作を女性や子供に任せるしかないといった現実を、フランス国民は甘んじて受け入れたのである。

加えて、開戦当初にドイツ軍が用いたシュリーフェン計画についてハワードは、この軍事計画がフランス陸軍を敗北させるだけでは意味がなく、それを「明日なき戦闘」で包囲かつ殲滅（せんめつ）させる目的のものであったと、その本質を鮮明に描き出している。

前述した戦争の甘受といった点をさらに敷衍（ふえん）して、第一次世界大戦が四年以上もの長期にわたって継続された理由について、ハワードは一つの明確かつ単純な答えを提示している。それは、すべての主要交戦諸国の国民がこの戦争を継続的に支持したという事実である。総じて彼らは、膨大な犠牲に耐えただけでなく、戦争遂行のために必要とされた様々な統制や苦難を、不平を言うことなく受け入れたのである。

さらにハワードはこの書で、一九一七年にアメリカが参戦した意味と同年の交戦諸国の国内問題を論じると共に、一九一八年のドイツ軍による最後の攻勢について検討している。同年のドイツ軍の攻勢について彼は、仮にこの結果ドイツ軍が英仏海峡沿いの港湾を占領できたとしても、戦争は第二次世界大戦における一九四〇年のダンケルクの撤退後と同様に継続されていたであろうと、また、仮にドイツ軍がフランスの首都パリを占領できたとしても、イギリスは絶対に戦争を継続していたであろうと、説得力に富む議論を展開している。

確かに、当時からデルブリュックが鋭く批判していたように、ドイツ軍によるこの攻勢は、その勝利の軍事的効果は予測できたにせよ、政治的な意味などほとんど期待できなかったのである。

興味深いことに、ハワードは『第一次世界大戦』の中で、この大戦に至るまでの期間、ヨーロッパ主要諸国の軍人が次なる戦争の様相をどのように考えていたかについて的確に描写している。それによれば、この大戦前の戦争をめぐる「時代精神」として、次の四点が挙げられる。

第一に、戦争は不可避であるとの認識である。第二の前提は、戦争は短期間で終結するというものである。戦争は凄惨なものになるとの予測はなされたが、少なくとも相対的には短期間で終わると考えられた。そして、短期で戦争が終結すると考えられたからこそ、開戦当初にすべての兵力が行動可能なことが重要となってきたのである。

ハワードが指摘する第三の前提は、直ちに攻勢に出ることが勝利の可能性を最も有するとされる方策であるとの認識である。攻勢こそ、敵の侵攻を予防あるいは阻止する可能性の最も高い方策と考えられ、同時に、自国に有利な条件下で戦争が行える方策と期待されたのである。実際、予防戦争や先制攻撃といった表現は、当時は極めて一般的に用いられていた。

第四の認識は、次なる戦争において人々は極めて膨大な犠牲を甘受する必要があろうというものである。今日の一般的な理解とは逆に、当時、機関銃や火砲に代表される新たな兵器がもたらした影響については十分に研究されており、これらの兵器から生じるであろう犠牲について幻想を抱く論者などほとんど存在しなかった。

だが社会的にも、当時の一般国民が教え込まれた精神は、国家のために戦うことだけでなく、国家のために死ぬことであった。犠牲の精神は、戦争初期の交戦諸国の文学やジャーナリズムを支配していた。だからこそ、後の世代が驚愕するほどの犠牲者のリストも、同時代の人々にとっては軍の無能さの表れとしてではなく、国民的決意の尺度、強大国としての相応しさの尺度と捉えられたのである。第一次世界大戦中、膨大な犠牲ですら甘受しようとする一般的傾向が見られたことは驚くべきではあるが、それが当時の「時代精神」だったのである。

実際、この大戦の緒戦での手詰まり状態はいわゆる消耗戦略に役立つよう利用され、そこでは、軍隊のみならず国家全体のマンパワーと士気が試されたのである。一九一六年のヴェルダンの戦いやソンムの戦いは、その顕著な事例である。

だが、二〇世紀初頭を支配した社会ダーウィニズムの雰囲気の中で育った人々にとっては、これは全く驚くに当たらなかった。膨大な犠牲に耐える用意があることは、依然として強大国として生き残るための適合性の指標であり、だからこそ、世界で最も発展し、産業化され、そして教育水準が高いとされたヨーロッパ主要諸国が、四年以上にわたる苦難に満ちた戦いを続けることができたのである。端的に言えば、第一次世界大戦において国家の決意は犠牲者の数で判断されたのである。

自叙伝『キャプテン・プロフェッサー』

次に、『キャプテン・プロフェッサー』の内容を紹介しておこう。

二〇〇六年の自叙伝『キャプテン・プロフェッサー――戦争と平和における生涯』の中でハワードは、極めて正直に自らの人生を振り返っている。この書は、第1部「キャプテン」（第二次世界大戦前、戦中、イタリア①サレルノ、イタリア②ナポリからフローレンス、イタリア③フローレンスからトリエステ）と第2部「プロフェッサー」（平和、戦争研究、戦略研究、アメリカ、ロンドン官庁街、オックスフォード、終末）の二つの部から構成されているが、この中で彼は、自らが極めて裕福な家庭環境で甘やかされて育った事実や同性愛者であった事実を全く隠そうとはしておらず、また、第二次世界大戦のイタリア戦線で負傷した自らの部下を置き去りにせざるを得なかった経緯についても正直に述べている。

さらにこの書では、戦争学や戦略学の手法をめぐる軍人研究者との対立や、教鞭を執る大学での教授間の醜い主導権争いの実情が鮮明に描かれており、また、ハワードの恩師であるリデルハートに対してもその愛憎半ば（なか）した評価を率直に述べている。

実際、この書のタイトルである「キャプテン・プロフェッサー」という表現も、自らが陸軍大尉であったことに加えて、かつてリデルハートが「将軍を教える大尉(The Captain who teaches Generals)」と呼ばれたことに由来していると推察され、ここにもリデルハートに対するハワードの敬意が見て取れるが、その一方で後述する「イギリス流の戦争方法」という概念をめぐる二人の対立に代表されるように、両者の見解が異なる場合、ハワードはリデルハートへの批判を決して弱めることはなかったのである。

この書はハワードの自叙伝であり、本章でこれまで紹介してきたような研究書ではないが、彼の戦争観の形成過程がよく理解できるため、彼の人物像を知るうえでは有益である。また、日本でも学者としてのハワードの業績は比較的知られているが、ある学問領域を確立するためには、例えば学会の基金を集めて運営するという経営者(マネージャー)としての才覚も必要とされる事実を、この書は余すところなく教えてくれる。

5 社会の変化と戦争の様相

『ヨーロッパ史における戦争』

では、以上のようなハワードの戦争観を踏まえたうえで、彼の代表作である『ヨーロッパ史における戦争』（初版の邦訳タイトルは『ヨーロッパ史と戦争』）の内容について詳しく検討してみよう。

この書に対してイギリスの歴史家A・J・P・テイラーはある書評の中で、「戦争はしばしば社会の性質を規定する。逆に社会は戦争の性質を規定する。これがマイケル・ハワードの刺激的な同書の中心命題である。……（中略）……一〇〇〇年にも及ぶ歴史の考察を行ったハワードであるが、彼は史実の細部に囚われることなく、歴史の発展に対する広範な概要を提示しており、これは一般読者にとって喜ぶべきことであろう」と高く評価したが、これこそハワードの著作が「小著の傑作」と称賛されるゆえんである。

実際、この書は原書で約一五〇ページの小著であるが、ここに約一〇〇〇年間の戦争の歴史が包括的かつ体系的に記述されている。そうしてみるとハワードは、歴史の通史と輝きを放つ細部を巧みに結合する才能に恵まれた真の意味での歴史家と言える。この書を読めば、ヨーロッパ社会はもとより、今日の世界が戦争を通じていかに形成されてきたかについて理解できるはずである。さらに別の歴史家の表現を借りれば、この書ほど「ヨーロッパの戦争の歴史を簡潔かつ完全に提示し得た著作はない」のである。

前述したように、『ヨーロッパ史における戦争』は、ヨーロッパの歴史における社会変化とそれに伴う戦争の様相の変遷を概観した書である。同書のそもそもの目的は、政治・経済・社会制度、技術、戦争目的、そして、現実の戦争の様相の相互関係を明確化することであり、その主たる考察対象は中世から第二次世界大戦に至るまでの期間のヨーロッパの歴史である。その中でハワードは、社会が変化するに従っていかに戦争が変化したのか、逆に、戦争そのものがいかに社会を変化させたのかについて、簡潔ではあるが明確な枠組みを提供している。それらの枠組みがそのままこの書の章立てとなっているのであるが、それらは「封建騎士の戦争」「傭兵の戦争」「商人の戦争」「専門家の戦争（職業軍人の戦争）」「革命の戦争」「民族の戦争（国民の戦争）」「技術者の戦争」、そして「エピローグ——ヨーロッパ時代の終焉」（初版では「エピローグ——核の時代』）と続く。

ハワードによれば、騎士と傭兵を中心とする中世封建社会の戦争は、比較的その地方限りの事象であった。しかしながら主権国家の発展に伴い、戦争は商人のもの、次いで職業軍人のものへと変貌を遂げると共に、その範囲も大きく拡大することになる。また、一七八九年のフランス革命は戦争を文字通り革命的な事象に変化させ、その後のナショナリズムの高揚は、戦争をあらゆる国民の目標にまで高める結果を招いたのである。その後は技術が戦争を主導し、核の時代へと突入することになる。

戦争の有用性

以上が一九七六年に刊行された初版の内容であったが、日本で新たに翻訳出版された二〇〇八年の改訂版では、二〇〇一年の「9・11アメリカ同時多発テロ事件」を契機として新たな戦争の時代を迎えたこともあり、「ヨーロッパの時代の終焉」と題する「エピローグ」が加筆されると共に、「参考文献」も大幅に修正されている。

この書の初版が刊行された時、戦争の技術的要因の重要性を過小に評価した点、そして戦争の社会的・道義的要因を高く評価した点で、ほかの著作とは一線を画するものとして多くの歴史家の注目を集めたものである。

今回の改訂版でもハワードは、「エピローグ」でヨーロッパが一九四五年以降、自己完結の国家システムとしては消滅した事実を指摘するなど、興味深い論点を数多く提示している。彼によれば、ヨーロッパはもはや世界の政治システムの中心ではなく、同時に、冷戦時にアメリカとソ連に挟まれたヨーロッパ、とりわけアメリカの「核の傘」に保護されたヨーロッパは、戦争を政治の重要な手段であるとは見なさなくなり、また、戦争を人類の不可避の運命であるとも考えなくなった。

ハワードは、二〇〇三年のイラク戦争や「テロとの戦い」についても言及した後、次の二つの点について読者に注意を求めている。

第一は、デジタル技術に基づいたRMA（軍事上の革命）は、アメリカ軍の戦闘での勝利を可能にしたかもしれないが、技術的優位と同程度に政治的敏感性が必要とされる戦争指導あるいは大戦略の領域においては、限定的な価値しか持ち得ないことである。ここでもやはりハワードは、いわゆる技術至上主義に対して警鐘を鳴らしている。

第二に、軍事力の有用性を認めようとしないヨーロッパ諸国の人々に対して、グローバルなシステムの中の広範な紛争に対して自らの国境を封鎖することはできないと警告する。というのは、当然ながらヨーロッパもそのシステムの一部であるからである。

また、この書の全般にわたってハワードは、その切り口としてそれぞれの時代の戦闘員、例えば中世の騎士や傭兵の時代における傭兵といった人物に焦点を当てることで、個人の視点から見た独特の歴史観を提示している。確かにこの書は、ヨーロッパの歴史に対するある程度の知識がなければ難解ではあるが、社会の変化という大きな文脈のもとで戦争の変遷を簡潔にまとめ得ているという点で、今日に至るまで戦争学のための基本文献としての地位を確固として維持し続けている。

6 戦争の真の勝利について

何が勝利を構成するのか

また、戦争における勝利とは何かについて、ハワードは様々な論考の中で示唆に富む議論を展開しているため、以下でその概略を紹介しておこう。

歴史上、戦場での軍事的勝利が、それ自体で広義の意味での戦争の決着に決定的な役割を演じた事例などほとんど存在しない。ハワードが指摘するように、戦争は和平交渉のテーブルで決着を見るのである。すなわち、戦場での軍事的勝利はそれ自体が戦争の結末を決定するのではなく、ただ単に勝利のための政治的機会を提供するにすぎないのである。

なるほど戦場での軍事的勝利が、戦争全体の政治的勝利、すなわち、戦争の真の勝利の獲得にとって重要であることは疑いない。そして可能であれば、その軍事的勝利とは敵側の軍事力を徹底的に破壊し、さらには敵を非武装化する程度のものが望ましいが、最低でも、これ以上戦争を継続することが不可能であると敵側に認識させるために十分なものが必要とされる。だが、戦争の真の勝利の獲得のためには、戦場での軍事的勝利に加えて、少なくとも以下の二つの条件を満たすことが必要となってくる。

第一は、明確な政治目的を掲げ、かつ、確固として現実的な国家運営のあり方であり、第二は、戦場での敗者によるその評決（verdict）の甘受である。ハワードは、後者をさらに敷衍して以下のように指摘している。

「敗者が敗北の事実を素直に認めなければならず、また、見通し得る将来においいて、軍事的復活によってであれ卓越した外交能力によってであれ、さらには国際的なプロパガンダによってであれ、その敗者に、戦場での評決を反故にする機会を与えてはならないのである。次に、敗者は遅かれ早かれ戦後の新しい国際秩序を運営するうえでのパートナーとして迎え入れられ、それに伴い、敗北に対する何らかの和解策が講じられる必要がある。すなわち、敗者の名誉が回復されなくてはならないのである」。

戦勝国と敗戦国の共同作業

換言すれば、たとえ戦場での軍事的勝利が圧倒的なものであったとしても、その勝利を政治的に活用して永続的な平和を確立するためには、すなわち、戦争の真の勝利を得るためには、敗戦国による何らかの協力が必要不可欠となってくるのである。皮肉にも、戦争の勝利を永続化させるためには、戦勝国と敗戦国とを問わず、常にすべての参戦国がこの認識を共有することが前提となるのである。

また、とりわけ近代以降の戦争においては、敵の存在の物理的抹殺など現実に採り得る選択肢ではなく、その意味でも、このすべての参戦国による「共同作業」という認識を共有する必要性はますます高まってきている。そうであればこそ、特に主権国家間の戦争においては、戦勝国は敗戦国の中に、例えば、講和条件を受け入れてそれを確実に履行する意図と能力とを兼備した何らかの「政府」を見つけ出すことが肝要となってくるのである。

すなわち、戦争においては、常に交渉相手を確保しておくことが重要なのであり、逆に、その交渉相手を破壊することは、戦後処理の問題を含めてあらゆる問題を複雑化させるだけなのである。それと同時に、例えば一八七〇～七一年の普仏戦争におけるビスマルクや一九八二年のフォークランド戦争でのイギリスの対応に代表されるように、戦勝国には、敗戦国の策動によって戦場での軍事的評決が反故にされることがないよう、敗戦国にそのような策動を行う余地を絶対に与えない責務が課せられているのである。

7　ハワードとリデルハート

「イギリス流の戦争方法」

ここで、ハワードが戦争研究の師と仰いだリデルハートの代表的な戦略思想「イギリス流の戦争方法」――イギリスの大戦略（グランド・ストラテジー）――と、それに対するハワードの批判について簡単に触れておこう。というのは、この批判の中からもハワードの戦争観が十分に読み取れるからである。

本書の序章でも紹介したリデルハートによれば、伝統的にイギリスはヨーロッパ大陸の敵を無力化するため、陸軍力派遣の代わりに自国の海軍力を中核とする経済封鎖に依存してきたのであり、この方策が、イギリスに繁栄をもたらしたのである。

これが、リデルハートが主唱した「イギリス流の戦争方法」であるが、この方策は本質的には海軍力を用いて適応された経済的な圧力のことであり、その究極目的は、ヨーロッパ大陸の敵国の国民生活に対して経済的困難を強要することにより、敵国民の戦意と士気の喪失を図るというものである。さらには、イギリスが誇る海軍力を用いることで敵国本土とその植民地間の交易を妨害し、また、小規模な上陸作戦によって植民地そのものを奪取することにより、敵の戦争資源の枯渇を図ると共に自国の資源の確保にもつなげるというものであった。

自らも従軍し負傷した第一次世界大戦での膨大な犠牲者数に衝撃を受けたリデルハートは、今後イギリスは、ヨーロッパ大陸での大国間の勢力均衡に多少の影響力を確保しつつも、基本的には不関与政策にとどまるべきであり、その間に、グローバルな規模での大英帝国の維持と拡大を図るべきであると考えた。

また、仮に不幸にしてヨーロッパ大陸において再び大国間で戦火を交える事態が生起すれば、イギリスはその「伝統」に回帰して、主として海軍力――さらには第一次世界大戦以降、新たに発展を遂げつつあった空軍力――と財政支援をもって、ヨーロッパ大陸の同盟諸国に対する責務を果たすべきであると主張したのである。

「イギリス流の戦争方法」の限界

リデルハートの主唱したイギリスの大戦略、すなわち「イギリス流の戦争方法」に対して、その概念の有用性を実証的に考察したのがハワードであり、彼の歴史を基礎とした議論はリデルハートに批判的にならざるを得なかった。ハワードの論点は、概略、以下の通りである。

第一に、イギリスが、自国の大陸派遣軍を含めて集め得る限りの防衛資源をヨーロッパ大陸に投入することにより、大陸の同盟諸国を支援することは、リデルハートが主張するようなイギリスの伝統的政策からの逸脱などでは決してなく、実際は、その中核を構成しているという事実である。というのは、ヨーロッパ大陸の同盟諸国が敵と対等に戦っている限りにおいて、「イギリス流の戦争方法」が有効に機能し得るからである。

すなわち、仮にヨーロッパ大陸の同盟諸国軍が敗北すれば、その時点で「イギリス流の戦争方法」は意味を失うことになるのであり、まさにこの理由によってイギリスは、同盟諸国支援のための大規模なヨーロッパ大陸派遣軍を送るという大戦略を用いざるを得なくなるのである。

第二に、仮にイギリスが伝統的に「イギリス流の戦争方法」を用いる傾向が強いと認められるにせよ、それは、イギリスの隔世遺伝的な政策でも自由な選択の結果でもなく、むしろ、必要性や不可抗力の結果なのである。

そのため、「イギリス流の戦争方法」とは勝利へ向けての積極的な方策ではなく、逆に生き残りを賭けての消極的な方策であるにすぎない。ハワードは、仮に「イギリス流の戦争方法」なるものが存在するとすれば、それこそまさに「海洋戦略」――リデルハートの言う「イギリス流の戦争方法」――と「大陸関与」との絶え間ない相互作用の中に見出すことができると指摘している。

最後に、決定的な時間や地点に小規模な陸軍力を派遣して、ヨーロッパ大陸での政治・軍事バランスに影響を及ぼそうとする「イギリス流の戦争方法」は、ヨーロッパのすべての戦争当事国が、ヨーロッパの既存の国際政治システムの維持を望んでいる限りにおいて、そして、その既存のシステムの中でより有利な条件を獲得するため、ある限定的な政治目的を達成する手段としての戦争においてのみ有効であり、例えば、ナポレオンやヒトラーに代表される国際政治システムそのものに異議を唱える「破壊者」に対しては、その効果が期待できないのである。

このようにハワードは、恩師であるリデルハートに対して深い尊敬の念を抱きながらも、その戦略思想、とりわけイギリスが用いるべき大戦略に対しては、常に批判の眼差しをもって接していたのである。

8　戦争学の創始者

ハワードの戦争観

　では最後に、ハワードの戦争観や戦争研究に対する評価について検討してみよう。おそらく歴史家としてのハワードの才能は、文学や詩、そして演劇に対する彼の深い造詣と無関係ではないであろう。彼の著作はいずれも格調高く洗練された文章で書かれ、歴史全般に対する鋭い洞察であふれている。だがハワードは、自らが戦争と社会の関係性に関心を抱く歴史家にすぎず、必ずしも軍事の専門家でない事実を隠そうとはしなかった。また一見、平和主義を彷彿とさせるハワードの多くの論点は、彼がクエーカー教徒の家系に生まれたことと関係があるのであろう。

　学者として高い評価を得ているハワードはまた、教育者としても優れた才能を発揮し、大学での彼の講義はいつも学生に好評であった。かつてテイラーはハワードを、「教授の中のプリンス」と呼んだほどである。さらに彼の講演も常に格調が高く、聴衆を夢中にさせた。芸術家（アーティスト）としての彼の非凡な才能である。

戦争学に対するハワードの姿勢は、一九六二年の論考「軍事史の利用と乱用（"The Use and Abuse of Military History"）」に最も明確に表れている。この論考でハワードは、歴史は広範かつ奥深く、そして出来事が生起した文脈に十分に注意して書かれるべきであると述べると共に、いわゆる今日的な教訓を安易に導き出そうとする旧来の軍事史研究の手法を厳しく批判した。

実際、『ヨーロッパ史における戦争』の中でもハワードは、実際の戦闘の様相については ほとんど言及しておらず、その代わりに、戦争という事象を社会や政治の発展過程と可能な限り関連付けるよう努めている。つまり、戦争の歴史をその時代の文脈のもとで理解するよう、より具体的には、政治的、経済的、社会的背景に十分に注意して戦争を理解するよう心掛けている。

戦争と社会の関係性

『ヨーロッパ史における戦争』の「第一版（初版）への序」でハワードは、戦争と社会の関係性について次のように指摘している。すなわち、「戦争を戦争が行われている環境から引き離して、ゲームの技術のように戦争の技術を研究することは、戦争それ自体ばかりでなく戦争が行われている社会の理解にとって、不可欠な研究を無視することになります」。さらにハワードは、デルブリュックと同様に、「政治史の枠組みにおいてばかりでなく、経済史・社会史・文化史の枠組みにおいても戦争を研究しなければなりません。戦争は人間の経験全体の一部であり、その各部分は互いに関係付けることによってのみ理解できるのであります。戦争が一体何をめぐって行われたのかを知らずして、どうして戦争が行われたのかを、十分に記述することはできません」とも述べている。

ハワードの著作全般に見られるもう一つの特徴として、戦争の道義的側面の重視が挙げられる。この書でも彼は、例えば中世における騎士の支配はその背後に技術的な要因が存在したのと同程度に、道義的な要因が存在していたと主張している。

さらに彼は、クラウゼヴィッツの戦争観の継承者らしく、戦争における士気の重要性を繰り返し強調する。逆に、リデルハートや二〇世紀のイギリスを代表するもう一人の戦略思想家であるJ・F・C・フラーとは対照的に、ハワードは戦争で技術が果たし得る役割をやや過小に評価しているように思われる。

戦争学におけるハワードの考察対象は、常に主権国家が中心であり、そこに彼の戦争観の限界を指摘する論者も存在するが、仮にリデルハートの戦争観が第一次世界大戦の実体験によって形成されたとすれば、ハワードの戦争観は自らも参戦した第二次世界大戦によって形成されたと言える。

また、本章で紹介した彼の代表的な著作が戦争学全般の発展に及ぼした大きな貢献はもとより、ハワードが執筆した数百本にも上る書評や文献紹介は、学術的に極めて高い価値を有するものである。さらには彼のように、講演のための口述原稿が直ちにそのまま学術誌などに掲載可能な高いレベルであるためには、人には見えないところで事前に相当の準備をしていたのであろうと推測できる。

おわりに――「三位一体」の思想家

以上、ハワードの戦争観と戦争学について考えてきたが、こうしてみると彼は一人の学者として、教育者として、そして、新たな組織を創設・運営する経営者（マネージャー）――繰り返すが、基金の獲得も学者が成功するための重要な条件である――としての才能に恵まれた稀有な思想家であると結論できよう。

（注）本章は、『ヨーロッパ史における戦争』（奥村房夫、奥村大作共訳、中央公論新社、二〇一〇年）の解説論文として執筆した原稿を改題、さらに大幅に加筆・修正したものである。

（主要参考文献）

マイケル・ハワード著、奥村房夫、奥村大作共訳『ヨーロッパ史における戦争』中央公論新社、二〇一〇年

マイケル・ハワード著、奥村大作ほか訳『戦争と知識人――ルネッサンスから現代へ』原書房、一九八二年

石津朋之著『リデルハートとリベラルな戦争観』中央公論新社、二〇〇八年

清水多吉、石津朋之共編著『クラウゼヴィッツと「戦争論」』彩流社、二〇〇八年

ウィリアムソン・マーレー、マクレガー・ノックス、アルヴィン・バーンスタイン共編著、石津朋之、永末聡監訳、「歴史と戦争研究会」訳『戦略の形成――支配者、国家、戦争』中央公論新社、上・下巻、二〇〇七年

Michael Howard, *Captain Professor: A Life in War and Peace* (London: Continuum, 2006).

Lawrence Freedman, Paul Hayes, Robert O'Neil, eds., *War, Strategy and International Politics: Essays in Honour of Sir Michael Howard* (Oxford: Clarendon Press, 1992).

David Curtis Skaggs, "Michael Howard and the Dimensions of Military History," *Military Affairs*, Vol. 49, 1985, pp. 179-183.

Brian Holden Reid, "Michael Howard and the Evolution of Modern War Studies," *The Journal of Military History*, Vol. 73, No.3, July 2009, pp. 869-904.

Hew Strachan, "Michael Howard and the Dimensions of Military History," Liddell Hart Centre for Military Archives Annual Lecture, 2002.

第3章

バーナード・ブロディと抑止戦略

はじめに――文民戦略家の登場

アメリカで戦争・戦略研究が一つの学問領域として市民権を得るようになったのは、第二次世界大戦後、冷戦が勃発してからのことである。それまで、戦争や戦略は軍人の専権事項であり、大学などでの研究対象とは考えられていなかった。

しかしながら、核兵器の登場が状況を一変させることになる。そして、冷戦期のアメリカの大戦略（グランド・ストラテジー）、とりわけ核戦略の形成に決定的な――直接的ではないにせよ――役割を果たしたのが、文民研究者であるバーナード・ブロディであり、彼はそうした文民研究者の最初の世代に属する。

第2章で紹介したイギリスの歴史家マイケル・ハワードは、ブロディを「我々の世代の中で最も賢明な戦略思想家」と高く評価し、また、「ゲーム理論」で知られるアメリカの国際経済学者トーマス・シェリングは彼を、「考えられないことを考えた専門家の中で、その登場時期の意味からもその秀逸さの意味からも第一［最初－石津注］の人物」と述べている。こうした意味においてブロディは、まさに「戦略家のための戦略家」であり、だからこそ、彼を「核時代のクラウゼヴィッツ」であるとする評価が存在するのである。

1　バーナード・ブロディとその時代

戦争研究への傾斜

バーナード・ブロディ（Bernard Brodie）（一九一〇―七八年）は一九一〇年生まれであり、ブロディ家は当時のロシア帝国からアメリカに移民したユダヤ系の一家である。彼は一九三〇年代にシカゴ大学で哲学を専攻し優秀な成績を修めた後、自らの軍事問題への関心や同時代のヨーロッパおよびアジア地域での国際情勢の変化を受けて、当時としては新しい学問領域であった国際関係論を専攻することに決める。

大学院も同じくシカゴ大学で、この時期にブロディは『戦争の研究（*The Study of War*）』の執筆をほぼ終えていたクインシー・ライトの指導を直接仰いだ。同時に彼は、自らが原子爆弾をめぐる問題を考える手掛かりとして、同じくシカゴ大学教授のジャコブ・バイナーから強い影響を受けたようである。一九四〇年、ブロディは博士論文を提出したが、そのテーマは一九世紀の海軍の技術発展が外交に及ぼした影響についてであった。生涯を通じての彼の海軍力に対する関心、技術の発展と戦争の関係性に対する関心は、すでにこの時期に生まれていたのである。

その後、プリンストン大学で研究員としての職を得たブロディは、そこでエドワード・ミード・アールの知遇を得ることになるが、アールはこの時期、今日では古典的名著と評価される『新戦略の創始者――マキャベリーからヒットラーまで（*Makers of Modern Strategy: Military Thought from Machiavelli to Hitler*）』を編集し終えたばかりであり、やはりこの著作もブロディの思想に多大な影響を及ぼすことになる。

プリンストンでのブロディは、最初の著作『機械時代の海軍力（*Sea Power in the Machine Age*）』を出版した後、一九四二年には直ちに二作目となる『海軍戦略入門（*A Layman's Guide to Naval Strategy*）』を上梓している。その後、彼はダートマスカレッジに移り、そこで「現代の戦争、戦略、そして国家政策」という講座を開設したが、おそらくこれこそ世界初の包括的な戦略学講座であったと考えられる。

原子爆弾の登場

その後ブロディは、大学での学究生活からいったん離れ、第二次世界大戦の後半はアメリカ海軍の関係組織に勤務したが、そこでの経験の結果、彼は軍事組織の実態に触れると共に、影響力を有する軍人との個人的関係を構築することに成功した。もちろん彼は、大学の研究者とのつながりも維持しており、そこで彼は戦艦の将来について研究していたが、まさにこの時期にブロディの人生を一変させる出来事が起きた。

それが、一九四五年八月の広島に対する原爆投下であり、彼はこの知らせを聞いて直ちに、これまでの軍事技術の影響をめぐる自らの研究がもはや時代遅れになったと悟った。同時に彼は、原爆投下の一報を新聞を通じてしか知り得なかった事実に衝撃を受け、そこに研究者という「部外者」の限界を痛感することになる。

当初ブロディは、海軍や海軍力をめぐる理論家になることを目指していたが、一九四六年の編著書『絶対兵器――原子力と世界秩序（*The Absolute Weapons: Atomic Bombs and World Order*）』の出版を機に、核戦略に関心を寄せ、とりわけ核抑止戦略の分野ではその後の研究の先駆けとなった基礎を築くことになる。核兵器が実際に使用された直後に出版された『絶対兵器』は、「抑止」という概念を中核に据えて書かれた著作であり、その後のアメリカの実際の核戦略を予見させるものであった。事実、この書はその後の核戦略研究の基本文献と位置付けられた。

その後ブロディは、しばらくの間エール大学で教鞭を執った後、一九五一～六六年の間、カリフォルニア州サンタモニカにあるランド研究所（RAND Corporation）研究員として勤務した。周知のように、一九五〇年代および六〇年代を通じてランド研究所は、アメリカの核戦略の形成に多大な影響力を及ぼしたが、この研究所に在籍中の一九五九年、ブロディは『ミサイル時代の戦略（*Strategy in the Missile Age*）』を出版することになる。

ブロディに代表される戦略家は冷戦という戦略環境のもと、核兵器という大きなパラドクス（逆説）に直面して、これを「合理化」する以外に方策はないと主張することで、どうにか核兵器の政治的役割を定義しようと試みることになる。

だが彼は、戦略的合理性に期待する一方で、それを絶対的な前提として受け入れることはなかった。詳しくは後述するが、ブロディは戦争の抑止や戦争での抑制を唱えたものの、そうしたことが容易に達成できると楽観してはいなかった。この点において彼は、ランド研究所の同僚でありライバルでもあったアルバート・ホールステッターとは根本的に立場が異なった。

ホールステッターは、ほかの誰よりも一九五〇年代および六〇年代のアメリカの核戦略の形成に直接的な影響を及ぼし得た戦略家である。彼は「システムズ・アナリシス」の主唱者として知られるが、とりわけロバート・マクナマラ国防長官時代を中心とする時期には、ホールステッターこそアメリカの核戦略形成の中心人物であった。だが、興味深いことに時間の経過と共に今日では、核時代の最初の世代で最も影響力——直接的ではないにせよ——を及ぼした戦略家がブロディであったとの評価が一般的になる一方で、ホールステッターを中心にした「システムズ・アナリシス」の概念は、重要であったとはいえ、一過性の流行にすぎなかった事実も明らかになりつつある。

核兵器に対するブロディの基本的な考えは、前述の『ミサイル時代の戦略』に色濃く反映されている。イギリスを代表する核戦略家ローレンス・フリードマンは、かつてこの書を「暗澹たる」著作と評したことがある。なぜなら、同書は、仮に最悪の事態が現実のものとなればソ連との戦争を回避できないばかりか、凄まじいレベルの破壊から逃れることも不可能であるとの警告で埋め尽くされていたからである。そしてほぼこの時期からブロディは、「戦略の終焉」について苦悩することになる。つまり、核の時代において「戦略」と「全面戦争」は、全く相容れない概念になりつつあったのである。

「部外者」としてのブロディ

ランド研究所時代に、政権への参画を求められることのなかったブロディは、アメリカの政策・戦略形成へ直接的な影響力を及ぼすことができなかった半面、戦略思想家としての名声は揺るぎないものになっていった。実際、ブロディは研究者として与えられた時間を有効に使って、戦争や大戦略についてより広範な視点から執筆を続けた。一九六〇年代、彼は二冊の名著を出版している。

その第一の著作は、一九六二年の『クロスボウから原子爆弾へ（*From Crossbow to H-bomb*）』であるが、この書は兵器の革新の歴史に関する入門書であり、その後、戦略研究の基本文献としての位置付けを得ることになった。

またブロディは、一九六〇年代前半にフランスに一年間滞在する機会を得たことにより、レイモン・アロン、アンドレ・ボーフル、ピエール・ガロワに代表されるフランスの戦略思想に触れた。それを受けて一九六六年に出版されたのが、第二の著作『エスカレーションと核の選択（*Escalation and the Nuclear Options*）』である。

この書の中でブロディは、ＮＡＴＯ（北大西洋条約機構）にとって通常兵器を用いた戦争という選択肢は必要である一方で、マクナマラと彼の支持者によってこの考えがあまりにも強調されすぎた結果、この問題をめぐる議論が非生産的なものになってしまったと批判する。

ブロディがこの書を出版した翌年、NATOは正式に「柔軟反応」戦略を採用するが、この戦略は、必ずしもマクナマラの独創（オリジナル）とは言えない。実はこの戦略は、それ以前からブロディが唱えていた「柔軟エスカレーション」戦略と表現したほうが実態に近く、また、多くの政治的・軍事的妥協の結果としてようやく形成されたものである。

アメリカとソ連の冷戦という戦略環境のもとでもブロディは、ソ連の拡張主義をいたずらに誇張したり、共産主義イデオロギーの危険性を過大に見積もったりすることで文字通り生計を立てていた「冷戦の戦士」とは一線を画していた。もちろん彼は、多くの平和主義者とも違い、戦争そのものに反対することもなかった。彼の思想の根幹には、一般的な意味での戦争の有用性、そして政治と戦争の関係性をめぐる自らの確信が存在していたのである。

ブロディは一九六六～七八年の間UCLAで教鞭を執っていたが、一九七三年に最後の単著『戦争と政治（*War and Politics*）』を出版した後、一九七八年に死去した。

彼はハワードやピーター・パレットと共に、プロイセン・ドイツの戦略思想家カール・フォン・クラウゼヴィッツの戦争観をとりわけ英語圏で広めたことでも知られる。一九七六年にプリンストン大学から出版された『戦争論』の英語版にブロディは二本の論考を寄稿しているが、今日でもこの論考は『戦争論』を正しく理解するための基本文献として高く評価されている。興味深いことに、当初ブロディは、戦略や歴史を動かす原動力は技術であると単純に考えていた。だが、クラウゼヴィッツとの出会いが彼の世界観を変えたのである。

　政策志向型の研究者を目指したブロディは、常に自らがアメリカの戦略形成の「部内者」たることを求めたが、残念ながら彼の生涯の大半は「部外者」の位置にとどまったままであった。その意味では、ブロディを大戦略の「創始者（メーカー）」と位置付けることは間違いなのかもしれない。だが彼は、当事者として現実のアメリカの大戦略――核戦略――の立案に携わることがなかった一方で、大戦略をめぐる議論の議題（アジェンダ）を設定し続けたのであり、同時代の戦略家に常に刺激を与えたという点だけでもブロディの思想は特筆に値するのである。

2 「絶対兵器」の登場

『絶対兵器』

ブロディは、原爆の登場が戦争や大戦略に及ぼす意味合いを最初に理解し得た人物であった。当時、多くの専門家にとって原爆は、いまだに「より大きな兵器」にすぎないとの評価が一般的であったが、これとは対照的にブロディは、原爆の登場により戦争の様相、さらには戦略の基本的性質が一変したと主張した。

彼によれば、今後の戦略環境は攻勢に支配され、都市は最も価値があり、かつ最も脆弱な標的になった。そして、こうした戦略環境のもとでは、軍事力を常に臨戦態勢に維持することが重要となる。もちろんこれは、敵との緊張をいたずらに高め、予防戦争を誘発する可能性すら秘めていた。だが、こうした見立ての中ですでにブロディは、敵との緊張状態は、相互の恐怖を通じて安定をもたらす可能性があると考えていた。

ブロディの初期の代表作『絶対兵器』は、広島と長崎に原爆が投下されてから半年以内に執筆された著作であるが、この書で示された内容は、核時代におけるアメリカの大戦略について全体的な方向性を提示するものとなった。その意味で、『絶対兵器』は歴史に残る名著である。

この書は五人の研究者による共著であり、ブロディ自身は二つの章を担当しているが、そこで彼は、原爆の巨大な破壊力によって、戦争の様相が根本的に変化したと述べている。彼によれば、「原爆の登場は、過去のいかなる軍事革新も比較することが馬鹿げているように思えるほど、その重要性を覆い隠した」のである。急遽執筆されたにもかかわらず、この書は核時代の抑止に関する最初の著作であるばかりでなく、その射程の広さと内容の質の高さは特筆に値する。確かに『絶対兵器』には、分析の明快さと専門知識の豊富さが十分にうかがわれ、いわゆる政治リアリズムの立場から、戦略を洗練された形で同時代の国際環境に適応したものと言える。

『絶対兵器』の根底を流れる思想は、いかに原爆を廃絶するかではなく、むしろいかに原爆と共存するかである。実際、この書の執筆者はいずれも、原爆を国際的に管理するよりも、その抑止力を有効に活用するほうが平和に貢献すると固く信じていたのである。

ブロディによれば、原爆の登場によって、以下の八つの不可避的な帰結が生まれた。

①この爆弾の威力はあまりにも強大なため、世界のいかなる都市も一～一〇発の爆弾で効果的に破壊されてしまうであろう。

②この爆弾に対する有効な防御策は存在しない。そして、将来におけるその可能性も著しく低いものであろう。

③原爆は、新たな型の航空母艦の開発にこれまでにない軍事的価値をもたらしただけでなく、現存する航空母艦の破壊的な能力を大いに伸長させた。

④空軍力による優勢は、それ自身としては海軍力や陸軍力による優勢よりも効果的な保護者であるが、同時に、安全を絶対的に保障するものとはなっていない。

⑤原爆戦争においては、爆弾の数の優位がそのまま戦略的優位を保障するものではない。

⑥原爆が政治的破壊工作（サボタージュ）に及ぼした新たな可能性について過大に評価してはならない。

⑦爆弾の破壊能力に関連して、それの生産に必要な原材料という世界の資源につ

いては、豊潤にあると考える必要がある。

⑧アメリカがいかに現在の機密を保持すると決定しようと、イギリスやカナダに加えて、その他の諸国も今日から五～一〇年以内に、必要な数だけの爆弾を製造する能力を持つことになろう。

繰り返すが、このブロディの八つの帰結は、日本に原爆が投下されたわずか数週間後に示されたものである。

「抑止」の概念

周知のように、ブロディは『絶対兵器』の中で、後年、核戦略の支配的概念となる「抑止」にいち早く注目した。

もちろんブロディは、「絶対兵器」の登場によって戦争が絶対に不可能になったとは考えていない。だが彼はその生涯を通じて、原爆を限定的なやり方で運用する戦争（＝限定核戦争）という構図をどうしても描くことができなかった。そして、この事実がその後のブロディを苦悩させ続けることになるのであるが、彼によれば、「その結果、原子爆弾時代のためのいかなるアメリカの安全保障計画の最初にして最も重要な段階は、攻撃を受けた際にある種の報復の可能性を我々自身に保障する措置を取ることである。ここで筆者は、原爆が用いられる次なる戦争で、誰が勝利するかについては今のところ関心を寄せていない。これまでは、我々の軍事エスタブリッシュメントの主たる目的は戦争に勝利することであった。だが今後は、主たる目的は戦争を回避することでなければならない。そのほかには有用な目的はほとんどないのである」(Bernard Brodie, *The Absolute Weapons: Atomic Bombs and World Order* [New York: Harcourt Brace, 1946], p. 76)。

つまりブロディは、戦争を回避することこそ今日の政治指導者に求められている最も重要な任務であると主張する。そして、核兵器には、戦争を回避する――抑止――以外の目的は存在しない、と。実はこうした議論の中でブロディは、抑止に代表される核戦略をめぐる議題(アジェンダ)を設定する役割を果たしたのであるが、事実、その後数十年間にわたって冷戦期の戦略家は、彼が設定した議題(アジェンダ)をめぐって論争を展開することになる。

ブロディの論点は明確であり、人類が生き延びるためには抑止に頼るほかなく、効果的な抑止は、自らの確証的な報復能力に対する敵の認識(パーセプション)(パーセプションという要素自体も、戦争や大戦略を考えるうえで重要な問題である)に依拠しているというものであった。そしてブロディは、核戦略はもはや戦略ではないとの結論に達することになる。こうして彼は、古代ギリシアの歴史家トゥキュディデスと同様に、いかなる平和であれ、戦争と比べればマシであるとの結論に到達する。なぜなら、平和は戦争と比べてより合意に達しやすいものであり、また、予見可能なものだからである。

水爆の登場

ブロディはこの書で原爆を「絶対兵器」と表現したが、今日から振り返れば、彼は二つの意味において間違っていた。

第一に、一九四五年の段階では原爆は人類が創り出せる破壊力の究極であると考えられたが、その直後に開発された水素爆弾の威力と比較すれば、その衝撃は色褪せてしまうことになる。

第二に、兵器の技術革新という絶え間ないプロセスでは技術的頂点など存在しないのであり、それゆえ、「最終（＝絶対）兵器」など存在し得ない。

とはいえ、この「核革命」とも呼ぶべき現象は、不可避的に軍事力に対する新たな考え方を生むことになる。多くの戦略家は、この新たな兵器の意味合いを理解するよう努力したが、原爆は従来の軍事的常識をまさに根底から覆すものとなった。つまり、核戦争が勝者と敗者とを問わず破壊をもたらす恐怖に直面して、戦争は政治の継続であるとのクラウゼヴィッツ的な一般に受け入れられた戦争観は、決定的なまでにその意味を失い始めたのである。

さらには、戦争の勝利という概念そのものも、やや時代錯誤の感が拭えなくなってきた。実際、核兵器の登場に際して、本書の序章で紹介したイギリスの戦略思想家バジル・ヘンリー・リデルハートが鋭く指摘したように、「戦略の旧来の概念や定義は時代遅れになっただけにとどまらず、核兵器の発展と共に無意味にさえなってきた。戦争の勝利を目的とすること、自らの目的として勝利を取り上げること、こうしたことは狂気の沙汰に等しい」のであった。

以上、本章のここまでをまとめると、ブロディの『絶対兵器』は、核兵器について考えるための主要な論点を提供することになった。この書は核時代における抑止に関する最初の著作であり、この時代のアメリカの大戦略――核戦略――の最初の包括的な表明ですらあった。

3　議題の設定（アジェンダ・セッティング）

核兵器の「第二撃能力」

では次に、核戦略をめぐるブロディの議題の設定（アジェンダ・セッティング）について考えてみよう。

最初に、『絶対兵器』の中ですでにブロディは、原爆に関するあらゆる事象は二つの単純な事実、すなわち、原爆が存在し、その破壊力がおそろしく巨大なこと、に収斂される事実をいち早く指摘すると共に、後にマクジョージ・バンディが「実存的抑止力（existential deterrence）」と呼ぶことになる核兵器が備えた副次的な能力を認識しており、これを「侵略に対する強力な阻止者（powerful inhibitor to aggression）」と表現している。つまり彼は、後に「第二撃能力」と呼ばれるようになる能力を確保することの重要性について言及していたのである。彼によれば、敵に対する破壊的な報復能力が確実であれば、原爆は安定化へと機能するはずであった。なぜなら、その代償に対する勝利の見込みがほとんど存在しないからである。

ブロディが核時代の抑止の概念を最初に唱えた事実は既述したが、周知のようにその後の約四〇年間にわたって、核兵器が抑止以外に有用な機能を備えているか否かについては戦略家の最も重要な議論の対立点となった。例えば、ウィリアム・ボーデンに代表される戦略家は、原爆はただ単に大規模な兵器にすぎず、それゆえ、伝統的なやり方で評価されるべきであり、そして、敵の攻撃能力を殲滅（せんめつ）するためには戦争の初期段階で使用すべきであると主張した。

　こうした見解は、「戦争遂行学派（ウォー・ファイティング）」と呼ばれるが、この学派は、冷戦期を通じてブロディやジョージ・ケナンに代表される「抑止学派」と激しく対立することになる。

『絶対兵器』の中でブロディはまた、「戦争は考えられないが不可能ではない。それゆえ、我々は戦争について考えなければならない」と述べているが、これは後年、ハーマン・カーンがその著『考えられないことを考える（*Thinking About the Unthinkable*）』で展開した議論の基礎となるものであった。

エスカレーション

　さらには当初からブロディが指摘していたように、結局のところ、冷戦期を通じて核の「エスカレーション」の問題については二つの選択肢しか残されていなかった。

第一は、エスカレーションのあらゆるレベルで優位を維持し、より高く危険な段階へと向かう責任を敵に負わせることによって戦争を自らの優位に導こうとするものであり、後にこの方策はカーンによって唱えられることになる。

第二は、エスカレーションの過程に必然的に伴う不確実性を利用し、敵に事態が収拾不可能となり得ると警告することで抑止を達成しようとするものであり、これは、後年、シェリングが唱えた概念である。シェリングはこれを、「ある程度までを偶然に任せる威嚇（the threat that leaves something to chance）」と呼んだ。

それ以外にも『絶対兵器』には、その後の核戦略をめぐる議論の基本的要素がほぼすべて示されている。前述との重複を含めて例えばそれらは、抑止の優位性、奇襲攻撃の危険性、戦略的優位の有用性の低下、攻撃の優位性、戦略的防御の限定的な見通し、核兵器の拡散の可能性、実存的抑止力の登場、核時代における勝利の概念の無意味さ、報復能力を確保することの重要性、「ブロークン・バックド・ウォー（broken-backed warfare）」の問題、戦争の様相の変化とその有用性の低下、などである。このようにブロディは、核戦略をめぐる後年の議論の議題（アジェンダ）を、すでに『絶対兵器』の中で設定していたのである。

4 『ミサイル時代の戦略』から『戦争論』へ

ミサイル時代の大戦略（グランド・ストラテジー）

アメリカ空軍が中心となって創設されたシンクタンクであるランド研究所に長年にわたって勤めたブロディは、一九五九年にそこでの研究の集大成『ミサイル時代の戦略』を世に問うたが、この書は、一九六〇年代以降のミサイルを基盤とするアメリカの核戦略の先駆けとなったと高く評価されている。

ブロディの中期の名著『ミサイル時代の戦略』での彼の基本的な立場は、仮にソ連との戦争が回避できないとしても、それを意識的に管理および統制する必要があるというものであった。

彼にとって、核時代に戦争の勝利を徹底的に追求することは「自殺的なまでに馬鹿げたこと」であり、勝利は従来の意味合いを失っている。そのため、彼は通常兵器による限定戦争の必要性を主張したのである。

さらにブロディは、限定戦争の核心が「意識的な抑制（deliberate restraint）」であると指摘する。彼によれば、「限定的な目的を設定することなく限定戦争を戦うことは不可能である。そして、これが現実に意味するところは、妥協を基礎とした交渉による和平以外に考えられない」。そうした認識のもとで、この時期のブロディは、ある状況下で戦術核兵器を管理された形で運用することは、最悪の事態の中で最も害の小さい行動かもしれない、と一度は核兵器の使用も検討したが、その後、核兵器を用いること自体に対して否定的になっていく。

空軍力の有用性

『ミサイル時代の戦略』でブロディは、空軍力の有用性について評価している。彼によれば、戦争で空軍力の有用性が明確に実証されたのは第二次世界大戦においてであり、ドイツ軍による「電撃戦」や連合国軍による戦略爆撃、さらには、日本軍による真珠湾奇襲攻撃やアメリカ軍による原爆投下など、あらゆるレベルにおいて空軍力は戦争に必要不可欠な要素になった。だが、こうした事例から空軍力の運用に関して明らかになったことは、この書でブロディが鋭く指摘したように、「空軍力は第二次世界大戦においてその有用性が確固として証明された。しかしながら、それはドゥーエの言う意味の空軍力ではなく、むしろミッチェルが描いた空軍力の構想、すなわち、飛ぶものはすべて兵器になり得るという発想であった」（詳しくは、Bernard Brodie, "The Heritage of Douhet," in Bernard Brodie, *Strategy in the Missile Age* [Princeton, NJ: Princeton University Press, 1959]; Bernard Brodie, "The Continuing Relevance of *On War*," in Carl von Clausewitz, *On War*, ed. and trans., Michael Howard and Peter Paret [Princeton, NJ: Princeton University Press, 1976] を参照。ブロディは、とりわけ前者の中でイタリアの空軍戦略思想家ジウリオ・ドゥーエの論点を厳しく批判している）。

確かに、第二次世界大戦はドゥーエの戦略思想を実戦で試すことになり、そして、彼の考えはほぼすべての点において間違っていた、あるいは誇張であったのである。また、『ミサイル時代の戦略』でブロディは、戦争を制御するための政治感覚の必要性と、戦場という究極的な実践の場での試練に対処することの重要性を指摘している。ここに、ブロディにとってクラウゼヴィッツがいかに重要であるかがうかがえると共に、戦略学とは優れて実践の場の学問であるとの彼の認識が明確に表れている。この書ですでにブロディは、晩年の名著『戦争と政治』で強く唱えた戦争の「政治性」、そして戦略の理論は行動のための理論であるとの持論を展開していたのである。

さらにブロディは、アメリカの戦略学が文民と軍人の間を分断する「知的な無人地帯」となっている実状に憂慮の念を示している。彼によれば、ある政治的決断が血によって試練にさらされ、時には敗北という過酷な回答が示される科学（サイエンス）は、戦争という領域以外には考えられないにもかかわらず、この分野において文民と軍人が協力した研究は一向に進んでいないのである。

『ミサイル時代の戦略』でもブロディは、予防あるいは先制核攻撃は限定戦争から全面戦争へのエスカレーションをもたらすため、「第二撃能力」を通じた抑止戦略を用いたほうが、アメリカにとってもソ連にとってもより安定へと機能すると論じている。当然ながら、この書でブロディは「第二撃能力」の強化を主張したが、彼によれば、「第二撃能力」は都市ではなく、軍事施設を標的にすべきであり、これによってソ連にエスカレーションを抑制する機会を与え、その結果、アメリカは戦争に「勝利」すると期待されたのである。

抑止の方策

『ミサイル時代の戦略』やそれ以前の多数の論考の中でブロディは、敵に対する爆撃が真の意味で戦略的になるためには、賢明な目標の選択が鍵となると主張する。核の時代においてこれは、「サンプル攻撃」の必要性を示唆するものであり、都市をいわば人質とするものであった。だが実際に都市が破壊されるとすれば、それは威嚇が機能しなかった結果、すなわち失敗にすぎない。その意味においてブロディは、アメリカ戦略航空軍団（SAC）の方針と真っ向から対立した。

事実、ブロディはすでに一九五四年には次のように述べていた。すなわち、「もし我々が、いずれもが敵の効果的な報復遂行能力を破壊できる奇襲攻撃能力（攻撃が「成功」したと言い得るほぼ最低限の定義で）を備えた世界に住んでいるのであれば、自国の戦略空軍力を直ちに行使することは意味があるのであろう。こうした状況下では、ほかの圧力や戦略の効果を試すまで戦略空軍の極めて大きな打撃力の行使を控えることは困難であろう。これはアメリカの拳銃の達人が、西部フロンティアのやり方で決闘するのと似た状況である。拳銃を抜き、狙いを定めるのが速い側が明確な勝利を得ることができるし、敵は死ぬ。しかしながら、仮にいずれの側も敵の報復能力を奪うことが期待できない状況下であれば、前述の状況では自殺的であった抑制が慎重さに変わる。逆に、直ちに攻撃しようとすることが自殺的なものとなる」。

ブロディは、差別（＝選択）的な攻撃を行うことで戦略的優位を確保すべきと考えたのであるが、仮にソ連の都市を人質とすることにうまく成功すれば、ソ連の指導者は戦闘を停止するであろう。なぜなら、事態が手に負えなくなるほど破滅的になることを、ソ連指導者は恐れるであろうからである。

しかし、仮に戦略航空軍団がその方針通りソ連の都市を破壊することを許されれば、ソ連側の抑制を促す動機がなくなるであろう。ブロディがその最初の提唱者ではないにせよ、彼は、敵の都市への攻撃を回避することで核戦争における戦争の限定を唱えた戦略家の一人であった。これは後年、「戦時抑止（intra-war deterrence）」と呼ばれることになる概念である。

ブロディはまた、当初から「大量報復」という戦略概念に対しても懐疑的であった。なぜなら、仮に大量報復戦略が、局地戦争からアメリカとソ連の両超大国の本土に対する全面戦争への拡大という威嚇を意味するものであるとすれば、アメリカの脆弱性が大きくなりつつあった当時の戦略環境を考える時、あらゆる「信憑性（credibility）」の喪失につながるからである。その結果、ブロディは本書の第4章で取り上げるヘンリー・キッシンジャーなどの思想家と同様、「限定戦争」の可能性に賭ける方策を選んだのである。

最後に、この『ミサイル時代の戦略』は、人道的で想像力に富むブロディの性格が、さらには、戦略をめぐる彼の苦悩がよく理解できる著作である。繰り返すが、この書でブロディは限定戦争の必要性を主張する一方で、はたして核兵器に戦争を限定する効果が備わっているかについて自らの懸念を表明している。

言うまでもなく、ブロディが戦略学の領域で大きく貢献したのは核戦略をめぐるものだけではなかった。紙幅の都合で詳しく論じる余裕はないが、前述したように彼は、パレットとハワードによるクラウゼヴィッツの『戦争論』の英語版の出版に伴い、優れた解説論文と読書案内を寄稿しており、これは政軍関係のあるべき姿や誰が大戦略を策定すべきかといった問題に対して多くの示唆を与えてくれる。

5　『戦争と政治』

ヴェトナム戦争の負の遺産

そして、ブロディがクラウゼヴィッツの戦争観の根幹である「戦争は他の手段を用いて継続される政治的交渉にほかならない」という認識に基づき、「何のために戦争をするのか」という根源的な問題を考察したのが、一九七三年の『戦争と政治（*War and Politics*）』である。

周知の通り、ブロディが政治と戦争の関係性を改めて考える契機となったのがヴェトナム戦争であった。つまり、彼が自らの晩年の著作のテーマとして「戦争と政治」を選び、それを一九七三年という時期に出版したのは、ヴェトナム戦争でのアメリカの苦い経験とそれに伴う同国の苦悩という背景が存在したからである。

もちろん、この書には第二次世界大戦や朝鮮戦争なども事例として取り上げられているが、疑いなくブロディの主たる関心は、アメリカがなぜヴェトナム戦争に関与し、なぜそれに失敗したのかであった。

彼は、ヴェトナムが共産主義勢力の手に落ちれば周辺諸国も共産化するとの「ドミノ理論」に代表される、実際にはほとんど根拠のない「恐怖」(トゥキュディデス)の結果としてアメリカが同国になし崩し的に介入したことに対して極めて批判的であった。

同時にブロディは、ヴェトナム戦争でのアメリカの失敗は、同国が達成可能な政治目的を設定することも、それに見合った手段を用いることもできなかった事実に起因すると主張した。つまり彼は、アメリカがクラウゼヴィッツの戦争観を正しく理解し得なかったために最終的に敗北したと考え、自らが率先してクラウゼヴィッツの『戦争論』へと回帰したのである。

ブロディとクラウゼヴィッツ

実は『戦争と政治』は、今日におけるその高い評価とは裏腹に、多くの欠点を抱えた著作である。例えばこの書は、論点が丁寧に整理されておらず、一部には議論の整合性が全く取れていない個所がある。加えて、同書のいくつかの章は、ほかの章と比べてあまりにも冗長であり、さらなる校正作業が必要と思われる個所も多々見受けられる。

それにもかかわらず、『戦争と政治』は今日に至るまでその有用性を示し続けている。この書でのブロディの主たる論点は、軍事力の行使あるいは軍事力による威嚇を、政治の一つの術(アート)として捉えるべきであるというものであった。また、彼にとって政治とは国内政治を含んだ概念であったが、当時、彼以外のほぼすべての戦略家は、この単純な事実すら見落としていた。多くの歴史家が指摘するように、ブロディは政治と戦争の関係性をめぐって、その生涯を通じてクラウゼヴィッツとの対話を続けていたのであり、その集大成が『戦争と政治』として結実した。

もちろん、この書にはブロディが生きた時代固有の思想や経験、さらには彼自身の戦略思想が示されているが、その内容は根幹においてクラウゼヴィッツの『戦争論』

と同じであると言っても過言ではない。

実際、ブロディはクラウゼヴィッツの有名な言葉である「戦争がそれ自身の『言語［＝文法］』（戦闘手段あるいはやり方）を有することは言うまでもない。しかし、戦争はそれ自身の『論理』（つまり目的）を持つものではない」の引用から自らの論述を始めている。彼によれば、これこそ「あらゆる戦略における唯一かつ最も重要な考え方」なのである。

ブロディはまた、第一次世界大戦時のフランスの将軍フェルディナン・フォッシュが発したとされる有名な問い「それは一体如何(いか)なるものか（*De quoi s'agit-il?*）」を援用しながら、戦略とは何かについて『戦争と政治』の第一部のほとんどを充てている。そしてその中でブロディは、軍人、とりわけ同時代のアメリカ軍人が戦争の勝利そのものに過度に固執する事実に不快感をあらわにしている。

『戦争と政治』でブロディは、やはりクラウゼヴィッツの戦争観の根幹を構成する「摩擦」の概念や戦争の心理的側面の重要性に繰り返し言及している。実際、彼は戦略の世界にコンピュータが入り込み、そこから摩擦の概念や心理的側面が除外されつつある現状を厳しく批判した。加えて、クラウゼヴィッツと同様に、原理や原則の存在に懐疑的なブロディは、いわゆる「冷戦ドグマ」（その好例が前述のドミノ理論）にはかなり否定的であった。

「ミリタリー・マインド」への挑戦

前述したように、『戦争と政治』では「軍人的思考方法」――いわゆる「ミリタリー・マインド」――に対して痛烈な批判が展開されている。すなわち、アメリカ軍人は戦争のより深遠な問題についてほとんど理解しておらず、軍人としての訓練はより高次の戦略的思考とはほとんど無関係のものばかりであり、軍人にもう少し想像力と客観性が備わっていればアメリカはもう少し軍人を信用できるのであるが、との記述である。

ブロディによれば、アメリカ軍人の根底を流れるものは理性ではなく感情であり、仮に軍事エスタブリッシュメントの議論が妥当と証明された事例があるとすれば、それは単なる偶然にすぎないとさえ酷評している。確かに、こうしたブロディの戦争観は、あらゆる意味においてクラウゼヴィッツ的である。だからこそ彼は、軍事全般に対する文民統制（シビリアン・コントロール）の必要性を強く論じたのであり、実際、この書の最後の個所で彼は、文民による手綱（たづな）は決して緩めてはならないと述べている。

『戦争と政治』の後段の第二部でブロディは、戦争に対する人々の認識の変化、戦争の原因、死活的国益とは何か、核兵器の役割など、戦争をめぐる幅広い問題に言及しているが、ここで特筆すべきは、最終章「戦略思想家、立案者、決定者」で戦略の本質について論じている点である。

ブロディにとって戦略とは、具体的な方法に関する学問であり、目的を効率的に達成するための手引きとなるものである。つまり、戦略とは「実行可能な解決策の追求において真実を探究する分野」であり、戦略理論とは「行動のための理論」である。だからこそ、ブロディにとって戦略は現実の世界に適用可能なものでなければ意味をなさないのである。

戦略の関連性

実は、これこそ戦略の関連性（relevance）という表現が意味するところである。かつてイギリスの国際政治学者コリン・グレイは、戦略家とは政策が掲げる目的のために軍事力を行使する（あるいはその威嚇を行う）実践的な専門家でなければならないと述べた。

ブロディも同様に『戦争と政治』の中で、戦略を、具体的な方法をめぐるものであり、目的を達成するための手引きと規定したうえで、行動のための戦略理論の重要性、そして、戦略とは実行可能な解決策の追求において真実を探究する分野であると主張したのである。繰り返すが、グレイやブロディにとって戦略とは、現実の世界に適用可能なものでなければ無意味なのであり、ここに戦略の関連性、さらには実践性が明確に示されている。確かに、戦略とは「生き残り」をめぐる優れて実践的な思考であり、また、行動なのである。

では次に、そうした戦略の形成には一体誰が責任を負うべきなのであろうか。軍人であろうか。

ブロディによれば、軍人は戦争で政治目的を達成することではなく、勝利することを最高の目的としているため、戦略の形成には不適格である。また、軍人は戦争が及ぼす政治的影響を考慮せず、組織利益に動かされる傾向が強いうえ、軍人が主張する「軍事的判断」は必ずしも信用できない、とブロディは指摘する。かつて、フランスの宰相ジョルジュ・クレマンソーが第一次世界大戦の戦争指導をめぐって、「戦争は将軍だけに任せておくにはあまりにも重大な事業(ビジネス)である」と述べた事実は有名であるが、ブロディはそれを、「戦争は軍人だけで適切に対処するにはあまりにも重大かつ複雑である」と言い換え、戦争指導における文民の役割の重要性を強調した。

ともあれ、ブロディにとって戦争や戦略は、軍人に任せておくにはあまりにも重大な事業なのであり、ここに、大戦略の重要性が再び浮かび上がってくる。

こうした思索で示されているのも、やはり戦争は政治的行為であるとするクラウゼヴィッツの戦争観である。そして、この戦争観に従えば、政治的要素を幅広く考慮した文民の政治指導者が軍事全般を統制するという文民統制の存在が絶対不可欠なものとなる。そして、その政治指導者を補佐するのがブロディに代表される戦略家——文民戦略家——の役割なのであり、この書はその重要性を改めて強調するものとなっている。

6 戦略を考える

戦略とは何か

前述のグレイによれば、戦略を考えるうえで有益な構成要素が全部で一七個あり、これらの要素はいかなる時代を通じても普遍的である。

これらは大きく「人間と政治」「戦争準備」「戦争本体」の三つに分類され、第一の分類である「人間と政治」に属するのが、人間、社会、文化、政治、倫理という五つの要素とされる。第二の分類である「戦争準備」に含まれるのが、経済と兵站、組織、軍事行政、情報と諜報、戦略理論とドクトリン、技術の六つの要素であり、第三の「戦争本体」という分類は、軍事作戦、指揮、地理、摩擦、敵、時間という六つの要素から構成される。そしてグレイによれば、たとえどれか一つの要素が際立っていたとしても、ほかの要素に問題があれば真の意味で戦争に勝利することなど不可能であるという。

このグレイの「科学的」な説明は、戦略とは何かを知るうえで一定の参考となるが、実はブロディの戦略の捉え方も、当初は極めて科学的であった。興味深いことに、ブロディは一九四九年に『ワールド・ポリティクス（*World Politics*）』誌に寄稿した論考のタイトルを、「科学としての戦略（Strategy as Science）」としている。この論考でブロディは、合理的な分析および政策決定の必要性を強調すると共に、戦略を語る言葉として、「マージナル・ユーティリティ（marginal utility）」や「オポチュニティ・コスト（opportunity costs）」といった経済学の概念を導入するよう提案している。

このようにブロディは、当初、戦略は科学的に研究されるべきであると強く主張していた。「科学としての戦略」で彼は、戦略は「それに相応しい科学的な扱いを受けていない――軍隊の中であれ、あるいは確実にその外であれ」と述べ、戦略は「実用的な問題を理解するための手段となる科学（サイエンス）」であるべきと主張する。彼が展望していたのは、戦略をめぐる問題の分析のためにより厳密かつ体系的な研究枠組みを確立することであった。

確かに、戦略学は、本質的に実用的で実践的な営みである。政治学などほかの多くの学問領域と同様、戦略学における重要な問いは、その考えは有用かというものである。当然ながら、戦略をめぐる研究は政策志向的、そして「科学的」とならざるを得ないのである。

術（アート）としての戦略

しかしながら、ブロディ自身が後に認めざるを得なかったように、彼が主唱した科学としての戦略は、結果として一九五〇年代の「科学的傾向を強め、背伸びをしすぎた」いびつな戦略学につながった。経済学のモデルや理論を使った戦略の概念化は、彼の当初の予想をはるかに超えて過剰へと陥ったのである。そこで彼は、その反省を踏まえたうえで一九六〇年代までには軌道修正を働きかけることになる。事実、その後のブロディは、逆に戦略家の「政治的感覚の驚くべき欠如」と「外交史および軍事史に対する無知」を指摘し始めるのである。

こうしてブロディは、徐々にではあるが戦略を「科学（サイエンス）」とする考えを改め、最終的には戦略は「術（アート）」であるとの結論に到達することになる。もちろん彼は、経済的要因の重要性には肯定的であり続けたが、科学の法則の対応物として戦争の法則が存在するとの考えに対しては、極めて批判的になった。自らも多大な影響を受けたボーフルが指摘したように、「戦略とは……（中略）……力の弁証法の術（アート）、より正確には、敵対する二つの意志が紛争を解決するために力を用いた弁証法「不断の相互作用」の術（アート）である」。

次に、一体、冷戦期の核戦略とはいかなるものであったのであろうか。前述のフリードマンが鋭く指摘したように、冷戦期を通じて核戦略は進化などしておらず、古くからある問題をあたかも新たな問題として取り上げて議論するというサイクル――堂々巡り――を繰り返していたにすぎない。結局のところ、ブロディが『絶対兵器』ですでに問題提起していた内容が繰り返し議論され、また、その後の核戦略をめぐる研究は核兵器を使用しないことについての研究、すなわち抑止の研究に収斂していくことになった。

戦略を「合理的」なものであると考えれば（これ自体が危険な思い込みであるが）、核兵器の唯一の存在理由は、敵がそれを使用するのを抑止することにならざるを得ない。ブロディはある論考で、「我々［アメリカ国民］が核兵器を彼らの領土で無制限に使用して支援しようとする国民は、おそらく最後まで我々の支援を求めようとはしないであろう」と、冷戦期の西ドイツ国民が抱えた苦悩とアメリカの戦略的ジレンマ――核兵器のパラドクスに起因する――を的確に表現していた。

おわりに――核時代の「アメリカのクラウゼヴィッツ」

ブロディという戦略思想家の重要性は、政策・戦略形成に対する直接的な影響力ではない。前述したように、彼は一九六〇年代、アメリカの、そしてランド研究所の多くの戦略家がジョン・F・ケネディ政権に参画したのとは対照的に、いわば「部外者」の位置にとどまった。だがその一方で、アメリカの大戦略（グランド・ストラテジー）の形成に対する彼の一般的かつ間接的な影響は、極めて大きかったと言えよう。

ブロディはその生涯を通じて大戦略、とりわけ核抑止戦略をめぐるパラドクスと苦闘していた。すなわち、すべての統制を失う可能性を通して、同時に、可能な限り統制を維持しながら、いかにして抑止のための戦略を構築するかというパラドクスである。

こうした過程でブロディは、核戦争における差別的な標的選択を通じた戦争の限定および抑制を主張することになる。彼によれば、限定戦争は全面戦争と比較して受け入れ可能な選択肢であり、だからこそ、彼は「大量報復」戦略には当初から批判的だったのである。

言うまでもなく、ブロディは自らの時代の「申し子」にとどまらない。その理由の一端は、彼がその生涯を通じて戦略思想の根幹にあるものについて思索を重ねたからであるが、ブロディが到達したところはクラウゼヴィッツであり、クラウゼヴィッツの『戦争論』こそが、戦争や戦略の本質について包括的に理解するための鍵であるという事実であった。彼は、クラウゼヴィッツの戦争観を一九四五年以降の核の時代に適応したのであり、また、クラウゼヴィッツを手掛かりとして政治と戦争、そして戦略と戦争の、しばしばパラドクスに満ちた関係性を理解しようと努めたのである。

かつてブロディは、クラウゼヴィッツを「最高の戦略家であるばかりでなく、唯一の戦略家である」と述べたことがあるが、今日では、ブロディ自身がいわば二〇世紀の「アメリカのクラウゼヴィッツ」として、さらには、時代や場所を超越する普遍性を備えた戦略思想家として、高く評価されている。

戦略とは、「生き様」あるいはアイデンティティの問題であると言われる。そうしてみると、ある意味で同時代の流行やトレンドに振り回されることなく戦争や戦略の本質を追究し続けたブロディの姿勢を学ぶことこそ、大戦略とは何かについて理解するための第一歩なのかもしれない。

（主要参考文献）

Bernard Brodie, *The Absolute Weapons: Atomic Bombs and World Order* (New York: Harcourt Brace, 1946).
Bernard Brodie "The Heritage of Douhet," in Bernard Brodie, *Strategy in the Missile Age* (Princeton, NJ: Princeton University Press, 1959).
Bernard Brodie, *War and Politics* (New York, NY: Macmillan, 1973).
Bernard Brodie, "The Continuing Relevance of *On War*," in Carl von Clausewitz, *On War*, ed. and trans., Michael Howard and Peter Paret (Princeton, NJ: Princeton University Press, 1976).
Fred Kaplan, *The Wizards of Armageddon* (Stanford: Stanford University Press, 1991).
Gregg Herken, *Counsels of War* (New York: Alfred A. Knopf, 1985).
John Baylis, John Garnett, eds., *Makers of Nuclear Strategy* (London: Pinter Publishers, 1991).
バーナード・ブロディ、桃井真訳「抑止の解剖」高坂正尭、桃井真共編著『多極化時代の戦略・上――核理論の史的展開』日本国際問題研究所、一九七四年
ピーター・パレット編、防衛大学校「戦争・戦略の変遷」研究会訳『現代戦略思想の系譜――マキャヴェリから核時代まで』ダイヤモンド社、一九八九年（Peter Paret, ed., *Makers of Modern Strategy: from Machiavelli to the Nuclear Age* [Oxford: Clarendon Press, 1986]）

石津朋之編著『名著で学ぶ戦争論』日本経済新聞出版社、二〇〇九年（第Ⅱ部の「ブロディ『政治と戦争』」の執筆担当は塚本勝也）
石津朋之、永末聡、塚本勝也共編著『戦略原論――軍事と平和のグランド・ストラテジー』日本経済新聞出版社、二〇一〇年
石津朋之『リデルハート――戦略家の生涯とリベラルな戦争観』中公文庫、二〇二〇年
ジョン・ベイリス、ジェームズ・ウィルツ、コリン・グレイ共編著、石津朋之監訳『戦略論――現代世界の軍事と戦争』勁草書房、二〇一二年

第4章

ヘンリー・キッシンジャーとその外交戦略

はじめに――戦略家キッシンジャー

キッシンジャーの名前を聞くと、読者は彼の実務者としてのイメージを抱くのが一般的であろう。確かに、一九七〇年代の米中和解や米ソの緊張緩和（デタント）に代表されるように、外交面での彼の活躍には目覚ましいものがあった。

だが同時に、キッシンジャーは優れた歴史家であり、また、ズビグニュー・ブレジンスキーなどと共にアメリカを代表する戦略家でもある。実際、キッシンジャーは歴史家としての「理論」を、実務者あるいは戦略家として「実践」できた稀有な人物であり、本章では、主として歴史家としてのキッシンジャーに焦点を当て、彼の大戦略（グランド・ストラテジー）あるいは国家安全保障政策の根底にある思想の源流について考察してみたい。

1　現実政治（リアル・ポリティーク）の提唱者

キッシンジャーとその時代

ヘンリー・A・キッシンジャー（Henry A. Kissinger）は、一九二三年にドイツで生まれ、ナチス政権からの迫害を逃れて一九三八年にアメリカへ移住したユダヤ系ドイツ人である。キッシンジャーの一家は第二次世界大戦中の一九四三年にアメリカに帰化したが（キッシンジャーはこの時、ハインツというドイツ的な名前をヘンリーに変えている）、この戦争に彼は、アメリカ軍情報将校として参戦し、戦後は母国ドイツに駐留して多くの戦争犯罪人の対応に当たった経験を持つ。

歴史家としてのキッシンジャーの卓越した能力は、すでに高校時代から周囲に認知されていたようであるが、ハーバード大学に進学した彼は哲学を専攻し、一九五〇年には三五〇ページにも及ぶ学士論文「歴史の意味——シュペングラー、トインビー、そしてカントをめぐる省察（The Meaning of History: Reflections on Spengler, Toynbee and Kant）」を提出、その後一九五二年には修士号を、そして一九五四年には「平和、正統性、そして均衡――カースルレーとメッテルニヒの政治手腕に関する研究（Peace, Legitimacy, and the Equilibrium: A Study of the Statesmanship of Castlereagh and Metternich）」で博士号を取得している。

この博士論文は、一九世紀初頭のヨーロッパの大国間外交、特にナポレオン戦争後のウィーン体制をめぐる研究で、後にこれを出版したものが本章で詳しく考察する『キッシンジャー 回復された世界平和［回復された世界平和――メッテルニヒ、カースルレー、そして平和の問題 一八一二～二二年－石津注］（*A World Restored: Metternich, Castlereagh, and the Problems of Peace 1812-22*）』（伊藤幸雄訳、原書房、二〇〇九年）である。約一〇年という比較的短い研究対象期間のヨーロッパ外交を深く掘り下げて分析したこの書は、一七世紀から冷戦終結までのヨーロッパおよびアメリカの外交を概観した彼のもう一つの代表作、『外交』（岡崎久彦監訳、日本経済新聞出版社、上・下巻、一九九六年）とはやや趣（おもむき）が異なる。

学者としてのキッシンジャー

キッシンジャーは一九五四年から一九七〇年代初頭にかけて母校ハーバード大学政治学部（ガバメント）で教鞭を執ったが、同時に彼は、外交問題評議会（the Council of Foreign

Relations）などへの参画を通じて、アメリカの大戦略（グランド・ストラテジー）あるいは国家安全保障政策をめぐって積極的な発言を行っている。

その中でも、第3章で紹介したバーナード・ブロディと同様にアイゼンハワー政権の「大量報復」戦略の硬直性を厳しく批判した事実、また、後にケネディ政権が採用することになる「柔軟反応」戦略の原型とも言える核兵器と通常兵器の段階的運用を唱えた彼の「制限戦争」理論は、つとに知られている。

実際、一九五七年に出版した『核兵器と外交政策』（田中武克、桃井真共訳、日本外政学会、一九五八年）でキッシンジャーは、柔軟性を備えた防衛態勢の構築を主張したが、そこでは、制限戦争の必要性が強く唱えられると共に、核兵器の政治的活用といった方策が、一九五〇年代のアメリカの大戦略の主流であった「大量報復」戦略の代替案として提唱されていた。

もちろん、彼が『核兵器と外交政策』の執筆を本格的に始めた頃には、その研究プロジェクトはほぼ終了していたというのが実状であり、その意味では、この書の内容のすべてがキッシンジャーの独創（オリジナル）というわけではない。だが、いずれにせよこの書はベストセラーとなり、今日に至るまで高く評価されている。

キッシンジャーには、当時のアメリカの大戦略あるいは国家安全保障政策が目標としたものは、同国の経済力、さらには国力全般と比較してあまりにも大きすぎると思われた。ソ連とのいわゆる冷戦は、戦うにはコストが高くつきすぎる。もはや高邁な理想主義外交はアメリカには非現実的で負担不可能であると、そして、そのための手段である「封じ込め」政策は評価に値する結果をもたらしてはいないと考えた。

そこで、彼は冷戦に代わるものとして、平和（あるいは安定）、貿易、そして文化交流を求めた。キッシンジャーは、アメリカの大戦略を、世界規模（グローバル）な関与から縮小しつつある同国の経済力や政治力に見合ったものへと下方修正したのである。

そして、当然とはいえ、その一つの結果として、彼の推進したアメリカの大戦略は、例えば冷戦期を通じて共産主義政権下で暮らさざるを得ない人々の苦難に対して、ほとんど関心を寄せることはなかった。

実務者への道

キッシンジャーの実務者への転機は、突然訪れた。

大統領選で次期アメリカ大統領に選出されたリチャード・ニクソンは一九六八年、彼を国家安全保障問題担当大統領特別補佐官に任命した。キッシンジャーはその職に一九七三年までとどまり、その後、フォード政権下の国務長官に任命された。そして彼は、一九七〇年代のアメリカの国家安全保障政策の事実上の責任者として幅広く活躍する。

特に、ニクソン訪中の実現と、ヴェトナムや中東での和平工作などは、彼が中心的かつ決定的な役割を果たしたとされる。一九七三年には、ヴェトナム戦争の和平交渉での功績が認められ、ノーベル平和賞を受賞した。

確かに、アメリカがヴェトナム戦争での泥沼状態からどうにかして脱出しようとし、また、ソ連に対する核の優位が完全に失われたこの時期、キッシンジャーは時として冷淡ではあるが極めて独創的な外交を展開することになる。繰り返すが、それまでの敵対国であったソ連、中国、そしてアラブ諸国との関係改善を梃子として、インドシナ問題――ヴェトナム戦争はその一部にすぎない――の解決を図り、その結果、大国間外交の「実践者」として彼は歴史にその名を残すことになる。

こうしてキッシンジャーは、「現実政治（*Realpolitik*）」の提唱者として、一九七〇年代のデタントとして知られる緊張緩和政策を推進した。

だが、同じ現実主義を唱える立場でも、国際政治を抽象的なモデルにまで単純化したケネス・ウォルツなどとは違い、キッシンジャーは、大戦略あるいは国家安全保障政策が政治指導者という個人によって形成されるという、単純だが重要な事実に常に敏感であった。すなわち、大戦略が特定の歴史的、文化的、政治的文脈の中で形作られる目的と、限りある資源・選択肢の間で展開される人間のドラマであることを、彼は十分に認識していた。

だからこそ、『キッシンジャー　回復された世界平和』では、メッテルニヒとカースルレーという二人の人物に焦点を当てて考察がなされているのである。そして、この研究を通じてキッシンジャーは、激動の「革命時代」の政治指導者が直面する問題を理解し、その後、それを自らの実務の資としたのである。

こうした点においてキッシンジャーは、ハンス・モーゲンソーの立場に近いと言えよう。実際、ケネス・トンプソンと共に彼を、モーゲンソーの弟子と位置付ける説が存在するほどである。そして、彼らの国際秩序観の根底を流れる思想は、国際社会の平和は法や国際組織ではなく、力（パワー）の分布によって達成可能であるとするものである。

キッシンジャーの世界観と国際秩序観

フォード政権の退陣と共に政治の表舞台から離れたキッシンジャーは、コンサルティング会社を設立し、その会長として活躍した。

なお、キッシンジャーの学問業績は多岐にわたり、邦訳された著作も多いが、その中でも、『外交』と『二国間の歪んだ関係――大西洋同盟の諸問題』（森田隆光訳、駿河台出版社、一九九四年）はそれぞれ、近現代における外交戦略や、アメリカとヨーロッパの間に横たわる安全保障問題を見事に分析しており、本章で詳しく考察する『キッシンジャー　回復された世界平和』や『核兵器と外交政策』と並んで、彼の世界観や国際秩序観をうかがい知ることができる。

だが、総じて政権を離れた後のキッシンジャーの著作は、おそらく政権復帰を目的として書かれたものが多いためか、矛盾点が多々あり、それ以上に、機会主義的な印象が拭えない。

『核兵器と外交政策』に代表されるキッシンジャーの大戦略あるいは国家安全保障政策の根幹は、アメリカでは一般的な戦争と平和の概念を絶対的な意味で捉え、それらが対極に位置するものとする認識とは、真っ向から対立するものであった。彼にとって平和は力（パワー）、とりわけ軍事力によって支えられなければならず、また、戦争は必ずしも外交の排除を意味するわけでもなかった。

この点において彼は、プロイセン・ドイツの戦略思想家カール・フォン・クラウゼヴィッツの、「戦争は政治的行為であるばかりでなく政治の手段であり、敵と味方の政治交渉の継続にすぎず、外交とは異なる手段を用いてこの政治交渉を遂行する行れたのである。

して政治目的とその手段である軍事力を調和させようとした自らの思索の中から生まれたのである。

ところが一九六一年の『選択の必要性――アメリカ外交政策の見通し（*The Necessity for Choice: Prospects of American Foreign Policy*）』（New York: Harper, 1961）でキッシンジャーは、限定戦争理論の妥当性そのものについてはなお確信していた一方で、従来の持論をかなり後退させており、とりわけ限定核戦争の可能性に対しては否定的になっている。また、『二国間の歪んだ関係』を出版した一九六〇年代中頃までには、彼は大戦略あるいは国家安全保障政策に対するアメリカ的な技術力および精緻な分析を基礎とするやり方と、政治や哲学を基礎としたヨーロッパ的な判断能力との緊張関係に、ますます関心を寄せるようになった。そして興味深いことに、この時期からキッシンジャーは、抑止の心理的側面を強調し始めるのである。

もちろん、戦略家としてのキッシンジャーに対する評価をめぐっては、歴史家の見解は分かれている。なるほど彼は、アメリカの大戦略の形成に多大に貢献し、それを文書として明確な形で表現し得た。だが、彼が用いた「材料」は、ほぼ間違いなく他人の研究成果からの借り物であった。つまり、彼は自らの政策立案を、当時注目を集めていたほかの研究者の戦略概念に大きく依存していたのである。

その意味においてキッシンジャーは、大戦略の「創始者」であるというよりは、むしろその「消費者」――応用戦略家――であった。

2 緊張緩和(デタント)

緊張緩和(デタント)政策について

では、より具体的にキッシンジャーはいかなる大戦略を抱き、いかなる国家安全保障政策を展開したのであろうか。

最初に、ニクソン政権下のキッシンジャーは、ホワイトハウス主導の大戦略あるいは国家安全保障政策を実現させるべく、ケネディ政権やジョンソン政権では必ずしも重視されていなかった国家安全保障会議(NSC)を活用した。

彼は、国家安全保障問題担当大統領特別補佐官や国務長官に在職中、あたかも一九世紀オーストリア(=ハプスブルグ帝国)の宰相であったメッテルニヒのように、過度の理想主義とイデオロギーを排除した形で国益中心の現実政治（リアル・ポリティーク）を推し進め、ソ連との緊張緩和（デタント）――平和共存――の達成など数々の成果を上げたが、こうした彼の大戦略を理論的に支えたのが、後述する「勢力均衡」と「正統性」という二つの概念であった。彼は、歴史家として『キッシンジャー　回復された世界平和』で構築した自らの国際秩序観を、実務者の立場から国際政治の場で応用したのである。

ニクソン大統領と共にアメリカの冷戦政策の見直しを企図したキッシンジャーは、一九七一年にはニクソン大統領の「密使」として、当時ソ連との関係が悪化しつつあった中国を二度にわたり極秘に訪問、周恩来（しゅうおんらい）首相との会談で米中和解への道筋をつけた。また、この中国との和解を交渉のカードとしてソ連との緊張緩和（デタント）を推進した結果、第一次戦略兵器制限交渉（SALT 1）の締結などにも成功した。

「シャトル外交」

さらにキッシンジャーは、当時のアメリカの国家安全保障にとって喫緊の課題であったヴェトナム戦争の終結にも成功する。アメリカが中国やソ連と関係改善を行った結果、ヴェトナム戦争でこの両国からの支援を得ていた北ヴェトナムを国際的に孤立させることで、一九六八年からパリで話し合われていた和平協定の締結に漕ぎ着けたのである。ヴェトナム戦争の「ヴェトナム化」であり、「リンケージ」である。一九七三年にはパリ協定が調印され、ヴェトナム戦争は終結へと向かった。キッシンジャーはまた、アラブ諸国とイスラエルの和平交渉にも尽力し、こうした彼の活発な外交は、「シャトル外交」として知られる。

さらに彼は、日米同盟や在日米軍の存在理由を、いわゆる「瓶の蓋論」を用いて明確に説明した最初の人物であった。こうしたキッシンジャーの外交交渉の詳細については『キッシンジャー秘録（一～五）』（斎藤彌三郎ほか訳、小学館、一九七一～一九八〇年）、『キッシンジャー激動の時代（一～三）』（読売新聞・調査研究本部訳、小学館、一九八二年）、『中国――キッシンジャー回想録』（塚越敏彦ほか訳、岩波書店、二〇一二年）などを見てほしい。

以上をまとめると、緊張緩和とは、短期的にはヴェトナム戦争の終結、長期的にはアメリカとソ連による対立という従来の冷戦構造に、新たに台頭してきた中国をさらなるアクターとして組み込むこと、また、ソ連の核戦力がアメリカと対等である（あるいは、対等であるべき）ことを認めて両国間関係の安定化を目指すという、真の意味で戦略的な――大戦略的な――国家安全保障政策であった。前述とやや矛盾するが、今日では、キッシンジャーの緊張緩和政策はジョージ・ケナンが当初意図した「封じ込め」の概念と極めて近かったとの評価が一般的になりつつある。

3 キッシンジャーの国際秩序観への批判

国際秩序とは何か

キッシンジャーが推進した大戦略あるいは国家安全保障政策の真髄は、その徹底的な現実主義にある。つまり、アメリカの国益（キッシンジャーの言葉を用いれば「国益の啓蒙化された概念」）というものを大戦略の中心に据え、国際政治の勢力均衡（バランス・オブ・パワー）に配慮しつつ、同国にとって受け入れ可能な国際秩序の構築を目的としたのである。

当然ながら、キッシンジャーのこうした国際秩序観には、彼が『キッシンジャー回復された世界平和』で考察したウィーン体制が一つの重要なモデルとして存在しており、彼にとっての平和は、安定的な力（パワー）の調和、すなわち秩序を意味した。こうしたキッシンジャーの平和観は、本書の第2章で紹介したマイケル・ハワードの「平和＝秩序」の思想に近い。

だが、勢力均衡による勢力圏の安定という自らの信念を、例えば民主主義といった高邁な理念より重視する彼の国際秩序観は、当然ながら道義をめぐる問題への無関心となって表れてくる。

ここには、政治指導者は一般の人々とは違い、道義的な要請に縛り付けられる必要はないという彼なりの信念があったが、彼の大戦略あるいは国家安全保障政策が道義問題を軽視した結果、アメリカの同盟諸国や友好国が国内の民主主義勢力や反対勢力を弾圧した事実、時として殺戮さえも犯した事実を黙認していたとして、今日に至るまでキッシンジャーは厳しい批判にさらされている。例えば、ピノチェト政権下のチリで弾圧された被害者の親族や様々な人権団体により、今日でも彼は「マキャヴェリスト」として糾弾され続けているのである。

「新保守主義者」からの批判

また、後に「新保守主義者」と呼ばれるようになるアメリカのいわゆる理想主義者にとって、国家間の勢力均衡を重視し、「抑圧的」で「邪悪」な政治体制を保持するソ連との緊張緩和（デタント）を推進するキッシンジャーの大戦略あるいは国家安全保障政策は許し難いものであった。

こうした理想主義者は、対ソ強硬派としてレーガン政権に参画することになるが、この時期を通じてキッシンジャーが厳しく批判された事実は周知の通りである。

4 『キッシンジャー 回復された世界平和』

ウィーン体制

キッシンジャーの大戦略あるいは国家安全保障政策をより深く理解するための手掛かりとして、以下で詳述する『キッシンジャー 回復された世界平和』は、一七八九年のフランス革命とその後の革命戦争およびナポレオン戦争によって破壊されたヨーロッパの国際秩序を再構築し、その当否については議論の余地があるものの、その後ほぼ一世紀にわたる平和を確保したとされるオーストリア宰相メッテルニヒとイギリスの外相カースルレーを中心としたウィーン体制を分析した研究書であり、そこでは、「勢力均衡」と「正統性」の確保が国際秩序の構築と維持には不可欠であるとの彼の確信が示されている。

また、正統性秩序と革命秩序という相容れない対立軸を切り口として、その秩序をめぐるダイナミズムが鮮明に描かれている。『キッシンジャー　回復された世界平和』では、ナポレオン戦争終結前の一八一四年のウィーン会議に始まり（論述の出発点は一八一二年）、一八二〇年代まで継続された一連の複雑な会議外交あるいは会議システムが詳しく分析されているが、こうした会議の最重要課題は、フランス革命とその後の革命戦争およびナポレオン戦争によって、変更を余儀なくされた各国の国境線や政治体制をどうするかであった。そして、その主人公の一人がメッテルニヒであり、もう一人がカースルレーなのである。

「勢力均衡」と「正統性」

キッシンジャーは、フランス革命と革命戦争・ナポレオン戦争が引き起こした混乱の中から、ヨーロッパの政治指導者が同地にその後長期間にわたって安定した秩序――キッシンジャーの言葉を用いれば、健全で均衡の取れた秩序。当時の政治指導者の目的は秩序の完全性ではなく、その安定性にあった――を構築することに成功した理由として、彼らが「勢力均衡」と「正統性」に対する鋭い感覚と認識能力を有していた事実を強調している。

周知のように、「勢力均衡（balance of power）」とは、ある一つの国家が支配的な地位を占めることを阻止して、各国が相互に均衡した力（パワー）を有することで戦争が起きる可能性を低くしようとする試みである。国際政治に対するキッシンジャーの認識は冷徹かつ現実的なものであり、『キッシンジャー 回復された世界平和』でも、「力（パワー）の均衡が存する場合にのみ、平和を確保し、維持することができる」との自らの確信が繰り返し言及されている。

一方、「正統性（legitimacy）」には、時としてキッシンジャー独自の意味合いが含まれているため理解し難いが、基本的にはこの概念は、ウィーン体制のもう一人の主人公であるフランスの外相タレイランが唱えた、ヨーロッパをフランス革命以前の状態に戻すことを意味する。

だが、キッシンジャーはこの書の中でしばしば、大国による国際秩序の枠組みの承認、さらには、現在保持している外交手段で何が達成可能であるかを見極める能力を指してこの言葉を用いている。とりわけ後者は、当事者が保持する手段の限界に見合ったレベルにまで政治目的を下げる能力のことであり、これは、前述した彼の緊張緩和（デタント）政策の基礎となる考え方である。キッシンジャーの功績の一つが、アメリカに「限界」という概念を初めて持ち込んだ事実にあると評価されるゆえんである。

また、キッシンジャーの意味する「正統性」についてさらに重要な点は、これが「正義」とは無縁の概念であることである。つまり、彼にとって外交あるいは国家安全保障政策の本質とは、勧善懲悪の思考や宗教上の信条、イデオロギーなどとは一切関係がないのである。

ウィーン体制がいつまで維持できたかについては歴史家の間でも見解が分かれており、実はキッシンジャーの評価もやや曖昧である。例えば、その破綻の直接の契機を一八二一年に始まるギリシア独立運動とする説がある一方で、一八二三年のフランスによるスペイン介入、あるいは一八三〇年のフランス七月革命が、ヨーロッパ各地にウィーン体制に対する反乱の連鎖を招いたとする見解も存在する。

さらには、ウィーン体制は一八四八年の革命によるメッテルニヒの失脚まで継続したとの説や、クリミア戦争（一八五三～五六年）によって完全に崩壊したとの説もある。加えて、「ドイツ統一戦争」とプロイセン・ドイツの宰相オットー・フォン・ビスマルクが行った一連の外交をどのように評価するかにもよるが、ウィーン体制といわゆるビスマルク外交を全く別種のものであると捉える歴史解釈も存在する。

もちろん、一九一四年の第一次世界大戦勃発までの約一世紀の間、ヨーロッパに長期にわたる平和をもたらしたとの説もあり、『外交』などキッシンジャーのほかの著作の内容と合わせて総合的に判断すると、基本的にキッシンジャーはこの立場に賛同しているようである。

5 メッテルニヒ、カースルレー、そしてタレイラン

メッテルニヒと「中庸」

『キッシンジャー 回復された世界平和』が極めて興味深い書である理由は、それが膨大な一次史料を縦横に駆使してナポレオン戦争後のヨーロッパ大国間の複雑な外交交渉の実相を鮮やかに描き出している点もさることながら、メッテルニヒとカースルレーという二人の政治指導者の人物像の考察を通じて、大戦略あるいは国家安全保障政策の本質を明らかにしているからである。

実際、この書に限らずキッシンジャーは、外交交渉の進展を阻害する大きな要因とされる官僚制への解毒剤として、強力な政治指導者が備えた創造性を高く評価しているのである。

メッテルニヒは一八一四年、ナポレオン戦争の戦後処理を見据えた国際会議をオーストリアの首都ウィーンで主催し、その議長としてヨーロッパの新たな国際秩序の構築に努めたことで知られている。しかし、ヨーロッパ各地から大小九〇の王国と五三の公国の代表二一〇人がこのウィーン会議に集まり、領土配分などについて各国の利害が極めて複雑に絡み合った結果、会議は当初から紛糾した。この時の会議の難航状態を端的に表すのが、「会議は踊る、されど進まず」という有名な言葉であり、今日でも映画「会議は踊る（*Der Kongreß tanzt*）」でその一端を垣間見ることができる。

長い議論の後、ようやくウィーン議定書が採択され、ウィーン体制と呼ばれる新たな国際秩序がヨーロッパに構築されたが、キッシンジャーによれば、この秩序をヨーロッパに回復させたのは、ひとえにメッテルニヒとカースルレーの巧みな政治手腕であった。

メッテルニヒは、こうした会議システムを主導することによって、オーストリア（＝ハプスブルグ帝国）の生き残りを模索した。彼はヨーロッパの平和（＝秩序）を、回復された君主間の諸原則と結束により構築しようとした。メッテルニヒにとって、フランス革命とその後の革命戦争およびナポレオン戦争によってヨーロッパに注入された「自由主義革命」という思想は、決して受け入れられるものではなかった。

同様に彼は、当時ヨーロッパで台頭し始めていたナショナリズムにも強い警戒感を示した。というのは、ハプスブルグ帝国は複雑な政治体であり、そこには数多くの少数民族と言語が混在しており、こうした状況のもとでナショナリズムが台頭することは、帝国の存在そのものを脅かしかねないと思われたからである。

そこでメッテルニヒは、当初はナポレオンを排除する目的で対フランス同盟を主導した。なぜなら、ナポレオンは中庸ある和平を受け入れようとはしなかったからである。その一方でメッテルニヒは、ロシアの力（パワー）を相殺するため、ブルボン王朝が復活した強いフランスの存在も必要としていた。

こうして、「中庸」がメッテルニヒの、そしてウィーン体制の基本方針となったのである（ウィーン体制の根幹は大国の「自制」である）。そして彼は、君主間の結束で、自由主義的な革命やナショナリズムに基づく反乱を抑え得ると期待したのである。

メッテルニヒの外交努力は、一八一五年に構築された国際秩序の維持、つまり力（パワー）の均衡を守ることに注がれ、この正統主義による平和を維持するため彼は神聖同盟を結成し、また、四国同盟（後にフランスが加わって五国同盟となる）によってヨーロッパ内外の秩序の破壊に対して戦い、あらゆる革命運動を弾圧することになる。

カースルレーから「光栄ある孤立」へ

一方、メッテルニヒの意図を十分に理解し、ヨーロッパ大陸の秩序回復の必要性を認識していたイギリスの外相カースルレーは、メッテルニヒと協力してウィーン体制の構築とその維持に努めたが、母国イギリスでは、イギリスの国益の名のもとにヨーロッパ大陸の国際政治へ過度に関与したとして厳しく批判されることになる。

そして、周知のようにその後のイギリスは、徐々にではあるがヨーロッパ大陸の国際政治とは距離を置いた「光栄ある孤立」へと向かうのである。

タレイランと「正統性」

キッシンジャーは『キッシンジャー　回復された世界平和』の中であまり言及していないが、ウィーン体制のさらなる立役者は、フランスの外相タレイランである。事実、ウィーン体制とはタレイランの主張した「正統性」に基づき、ヨーロッパをフランス革命以前の状態に回復させようとする試みであった。

そして、その基本原則である「ヨーロッパ協調（Concert of Europe）」により、大国間の対立の解決に向けて外交努力を惜しまなかったため、前述したような第一次世界大戦までの比較的長期間にわたる安定をヨーロッパにもたらしたとの高い評価が存在するのである。

だが、実はタレイランが「正統性」の議論を持ち出したのは、母国フランスを守るためであった。すなわち、フランス革命以前のヨーロッパの姿が「正統」、あるべき正しい状態であり、そのため、すべてを革命前の状態に戻そうと主張することが彼にはできたのである。国境線は、革命前の状態に戻すとされた。

さらには、タレイランはこの「正統性」の議論を用いることで、フランスもまた革命の被害者であると主張することもできた。そして、フランス革命のような騒動を再びヨーロッパで生起させないためにも、大国間の利害の対立を超えて君主が結束することで、新たに台頭しつつある市民階級と自由主義的な革命、さらにはナショナリズムを封じ込めようとしたのである。

前述したように、ウィーン体制はわずか数年間しか機能し得なかったとの評価がある一方で、少なくともその基本概念と原則は歴史上、長期間にわたるヨーロッパの安定の基礎を提供することになった。実際、ウィーン体制を支えた基本概念や原則、つまり規範と呼ばれるものは、そして、ヨーロッパ協調という「神話」は、一九一四年の第一次世界大戦勃発までヨーロッパの「時代精神」として君臨し続けたのであり、この点こそ、ウィーン体制が稀に見る強靱性を備えていたとして一部で高く評価される理由なのである。

6 『核兵器と外交政策』

「大量報復」戦略への批判

次に、キッシンジャーの一九五七年の著作、『核兵器と外交政策』について簡単に紹介しておこう。

彼はこの書で、当時のアメリカの大戦略であった「大量報復」は力（パワー）を政策に変換できないとして、その欠陥を鋭く指摘している。全面戦争を遂行するには核兵器の威力はあまりにも大きすぎ、ソ連は、より限定的かつ間接的な方策を用いることで、アメリカからの懲罰を恐れることなくその目的を達成することができるであろう。全面戦争を抑止することはもとより、アメリカには限定戦争を遂行する能力が必要とされ、最悪の事態が生じれば限定核戦争を戦うことすら求められる。

キッシンジャーによれば、そうした戦争を遂行するためには、小規模ではあるが高度に機能的、そして、自己完結型の軍隊を基盤とする革新的な戦争方法が必要なのである。

このように、『核兵器と外交政策』の大きなテーマは「大量報復」戦略への批判であった。しかしながら、「大量報復」戦略に対するキッシンジャーの最も独創的な批判とされた限定核戦争という発想も、実は当初から説得力に欠けるものであった。

実際、一九六〇年頃までには、この書で核兵器を用いた限定戦争を「大量報復」戦略の代替案として唱えたキッシンジャーですら、もはや限定核戦争は遂行不可能との現実を理解し始めていた。そして、その後の彼は通常兵器による抑止と制限戦争に重点を置くようになる。

また彼はこの時期、アメリカとソ連の双方の核戦力の構造そのものが、「双方の意図とは無関係に不安定化の要因になっているかもしれない」との懸念を表明するようになるが、こうした方向転換にしても決してキッシンジャーの独創（オリジナル）とは言えず、同時代のアメリカの戦略研究コミュニティの中で、すでにコンセンサスが得られていたものである。

キッシンジャーとクラウゼヴィッツ

興味深いことに、『核兵器と外交政策』の中でキッシンジャーは、クラウゼヴィッツの戦争観への深い理解を示している。はたしてこれが、彼がクラウゼヴィッツの『戦争論』を精読した結果なのかについては議論が分かれようが、実際に彼は『核兵器と外交政策』で次のように述べている。

すなわち、「戦略と政策を分離しようとすることは、この両者にとって害となるだけである。それは軍事力と力（パワー）の究極的な適用を同一視する原因となり、また、外交を策略への過度な関心へと導くことになる」。

7 戦争の勝利とは何か

勝利のための条件

『キッシンジャー 回復された世界平和』を読むと、戦争の最終的な目的とは単なる戦場での軍事的勝利を獲得することにとどまらず、関係諸国——基本的には戦勝国——にとって安定的で永続的な平和（＝秩序）を創造することである事実が理解できよう。フランス革命後の革命戦争およびナポレオン戦争を例に取れば、戦争は、軍人によってワーテルローなどの戦場で決着が付くのではなく、あくまでもウィーン会議に集まった政治指導者によって、和平交渉のテーブルで解決を見るということである。

この書でキッシンジャーが展開した議論と前述のハワードの議論を総合して考えれば、戦争全般の勝利を獲得して新たな平和（＝秩序）を創り上げるためには、おおよそ以下の三つの条件を満たす必要がある。

第一に、当然ながら敵の軍隊を無力化することによって、戦場での軍事的勝利を獲得する必要がある。しかしながら、今日では戦場での勝利それ自体が戦争全般の結末を決定することは稀である。したがって、戦勝国の政治指導者がそうした軍事的勝利を変換して、自らに有利な平和を創造するための政治的作業が重要になってくる。

第二に、敗戦国の中に和平条件を受け入れる意志と能力を備えた何らかの指導者を見つけ出し、その指導者が主導する何らかの政府を確保する必要がある。ただし、この敗戦国の指導者は国民から全幅の信頼を寄せられた人物でなければならず、例えば国民から「裏切り者」とのレッテルを貼られるような人物が指導者になれば、永続的で安定的な平和を構築することは難しいであろう。

第三に、戦争中、指導者にはその戦争に何らかの関心を持つ第三国による介入を可能な限り排除することが求められる。同時に、戦争の結果や和平のための条件は、当事国はもとより、第三国にとっても受け入れ可能なものでなければならない。

そして、こうした三つの条件を満たすためにも、キッシンジャーは政治指導者に求められる資質として、自らが持つ外交手段の限界に見合ったレベルまで政治目的を下げ得る現実感覚を挙げたのである。

おわりに——秩序とは何か

前述したようにキッシンジャーの国際秩序観は、ハワードのそれとほぼ同様である。すなわち、平和とは秩序にほかならず、平和（＝秩序）は戦争によってもたらされるとの認識である。

ここでは、戦争は新たな平和を創造するために必要な手段とされ、平和とは、創り出されるものとされる。そして、平和が人類の創造物であるとすれば、当然、それは人工的で複雑、そして極めて脆弱な存在であり、いかにしてこれを維持すべきか、という問題が重要になる。

この問題に対してキッシンジャーは、『キッシンジャー　回復された世界平和』の中で「勢力均衡」と「正統性」という概念を手掛かりに、ナポレオン戦争後のヨーロッパの長期間にわたる平和、すなわち、ウィーン体制という秩序の本質を解明しようとしたのであり、この書は将来の国際秩序のあり方を考えるうえでも、極めて多くの示唆を与えてくれるに違いない。

大戦略（グランド・ストラテジー）の「消費者」？

だがその一方で、フリードマンのキッシンジャーに対する評価は、彼は大戦略、とりわけ核戦略の「創始者」というよりは、むしろ「消費者」であるとするものであった。

フリードマンによれば、第一に、キッシンジャーは実質的な政策決定者の立場にあり、核戦略を具体的に立案した軍人や官僚、さらには民間研究者の成果を援用して、自らの政策を正当化していたのである。

第二に、実際にキッシンジャーの『核兵器と外交政策』や『選択の必要性』の中で唱えられた戦略概念の多くは、ジェームズ・ガヴィン、アルバート・ホールステッター、トーマス・シェリングなどの研究者の影響が色濃くうかがえる。

第三に、当然ながらキッシンジャーの関心はアメリカの大戦略あるいは国家安全保障政策の遂行であり、そのために有用と思われる戦略概念を、その時と場面に応じて使い分けていたのである。彼は、自らの戦略概念の一貫性にこだわることはなかった。

そうしてみると、おそらくキッシンジャーは「ジェネラリスト」としてその能力を遺憾なく発揮したのであり、必ずしも「スペシャリスト」ではなかったのであろう。

確かに、キッシンジャーはアメリカの核抑止戦略の根幹にある矛盾を最初に指摘した人物の一人であった。そして彼は、この矛盾がアメリカの大戦略あるいは国家安全保障政策に恐ろしいまでの悪影響を及ぼす可能性に繰り返し言及し、また、この矛盾を低減するための方策を模索した。

また、再びフリードマンの言葉を借りれば、キッシンジャーは時流に乗るのが極めてうまかった。しかしながら、戦略をめぐる同時代の流行の概念をその場しのぎに「借用」するだけでは、大戦略をめぐるアメリカが抱えた永続的とも言えるジレンマに対処することには限界があった。

だが、それでも彼は自らの仮説や理論を実践で試す立場を得、一定の成果を上げた稀有な歴史家であり、戦略家であった。冷戦が緊張緩和（デタント）へと大きく変化した一九七〇年代のアメリカの国家安全保障政策を深く理解するためにも、また、より根源的な問題である大戦略とは何か、そして国際秩序とは何かについて考えるうえでも、『キッシンジャー　回復された世界平和』は今日なお一読の価値がある。

（注）本章は、『キッシンジャー　回復された世界平和』（伊藤幸雄訳、原書房、二〇〇九年）の解説論文として執筆した原稿を改題、さらに大幅に加筆・修正したものである。

（主要参考文献）

ヘンリー・A・キッシンジャー著、伊藤幸雄訳『キッシンジャー　回復された世界平和』原書房、二〇〇九年
ヘンリー・A・キッシンジャー著、田中武克、桃井真訳『核兵器と外交政策』日本外政学会、一九五八年
ヘンリー・A・キッシンジャー著、森田隆光訳『二国間の歪んだ関係——大西洋同盟の諸問題』駿河台出版社、一九九四年
ヘンリー・A・キッシンジャー著、岡崎久彦監訳『外交』日本経済新聞出版社、上・下巻、一九九六年
John Baylis, John Garnett, eds., *Makers of Nuclear Strategy* (London: Pinter Publishers, 1991).

石津朋之編著『名著で学ぶ戦争論』日本経済新聞出版社、二〇〇九年（第Ⅵ部の「キッシンジャー『回復された世界平和』」の執筆担当は永末聡）
石津朋之、永末聡、塚本勝也共編著『戦略原論——軍事と平和のグランド・ストラテジー』日本経済新聞出版社、二〇一〇年
石津朋之著『リデルハート——戦略家の生涯とリベラルな戦争観』中公文庫、二〇二〇年
ジョン・ベイリス、ジェームズ・ウィルツ、コリン・S・グレイ共編著、石津朋之監訳『戦略論——現代世界の軍事と戦争』勁草書房、二〇一二年

第5章

エドワード・ルトワックと戦略のパラドクス

はじめに――挑発的（ポレミック）な思想家

戦略家としての評価を得る一つの条件として、同時代の固定観念を疑い、挑発的（ポレミック）ではあるが説得力に富む議論を展開できる能力が挙げられる。

この点について今日、ルトワックほど戦争や大戦略（グランド・ストラテジー）をめぐる問題で大きな論争を巻き起こし、人々の固定観念に挑戦し、また、現実の政策立案や研究への示唆を与え得た人物はいないであろう。

本章では、ルトワックが繰り返し指摘する戦争や戦略の領域を支配するパラドクス（逆説）の概念を手掛かりに、ヴィジョナリーとしての彼の戦争観、平和観、そして戦略観について検討してみたい。

1　エドワード・ルトワックとその時代

多方面での活躍

今日の著名な国際政治学者エドワード・N・ルトワック（Edward N. Luttwak）は、ユダヤ系のアメリカ人であり、一九四二年にルーマニアのトランシルヴァニア地方で生まれ、その後、イタリアやイギリスで青年期を過ごした。ロンドン大学経済政治学学院（LSE）で学士号、そしてアメリカのジョンズ・ホプキンス大学で博士号を取得している。さらに彼は、イギリスのバース大学から名誉博士号を授与されている。

ルトワックはジョンズ・ホプキンス大学やジョージタウン大学で教鞭を執った経験も有するが、基本的には政策提言など実務を重視しているため、長年にわたってワシントンDCにあるシンクタンク、戦略国際問題研究所（CSIS）の上級研究員を務めた後、現在は同研究所の所外研究員（アソシエート）である。

同時に彼は、防衛問題コンサルタントとして、さらにはビジネスの世界でも世界規模で活躍している。ルトワックが、イランの動向などを踏まえたうえで、二〇〇三年のイラク戦争に断固として反対した事実は記憶に新しい。

ルトワックの著作は多岐に及び、日本語に翻訳されたものだけを紹介しても『ルトワックのクーデター入門』（奥山真司監訳、芙蓉書房出版、二〇一八年）、『ペンタゴン――知られざる巨大機構の実体』（江畑謙介訳、光文社、一九八五年）、『アメリカンドリームの終焉――世界経済戦争の新戦略』（長谷川慶太郎訳、飛鳥新社、一九九四年）、『ターボ資本主義――市場経済の光と闇』（山岡洋一訳、TBSブリタニカ、一九九九年）などがある。

本章で詳しく検討する『エドワード・ルトワックの戦略論――戦争と平和の論理』（武田康裕、塚本勝也共訳、毎日新聞社、二〇一四年）は、戦争と戦略、大戦略、そして平和をめぐる問題に関心を寄せる者にとって必読の書である。

2 『戦略論』

パラドクス

ルトワックによれば、戦争や戦略における「常識」は、その他のあらゆる領域のものとは大きく異なっており、そこを支配する論理（ロジック）もまた大きく異なる。例えば、戦争学および戦略学の領域で広く受け入れられている古代ローマの金言、「平和を欲すれば、戦争に備えよ（*Si vis pacem, para bellum*）」には、平和という目的を達成するためには戦争に備えるしかないとの明白なパラドクスが含まれている。

だがルトワックは、このパラドクスの論理こそが戦争や戦略の領域では「常識」なのであり、また、そのあらゆる局面を支配していると主張する。

そして、こうした戦争や戦略に内在する独自のパラドクスに着目し、その特異性を強調するルトワックの戦争観と平和観、さらには戦略観を体現したものが、彼の代表作『エドワード・ルトワックの戦略論（以下、戦略論）』である。この書は一九八七年に初版が出版されて以来、戦争学および戦略学の基本文献として、アメリカやヨーロッパ諸国の大学や大学院の学生を中心に広く読まれている。

『戦略論』は、「はじめに」に続き第一部「戦略の論理」、第二部「戦略のレベル」、第三部「結末――大戦略（グランド・ストラテジー）」で構成され、増補改訂版では、一九九一年の湾岸戦争での航空作戦の分析などが大きく加筆された。

この著作は、ルトワックのそれまでの研究の集大成とも呼ぶべき書であり、挑発的（ポレミック）ではあるが、歴史的な文脈に十分に配慮した彼の洞察が多々示されている。さらにルトワックは、こうした洞察を抽象的かつ体系的な「金言」にまで凝縮させようとの野心的な試みにも挑戦している。

『戦略論』は、戦略の運用のノウハウを提供しようとする書ではない。ルトワックがこの書で意図したことは、読者が自ら戦争や戦略について考えるための材料を提供することであった。『戦略論』で彼は、古代ローマ時代から今日に至るまでの長いタイムスパンで、また、事例としては第二次世界大戦でのバルバロッサ作戦や真珠湾奇襲攻撃などを取り上げ、個々の作戦計画を詳細に分析し、さらには平和戦略から最新の戦争の遂行方法などを縦横に駆使して、戦争と平和をめぐる問題、大戦略をめぐる問題、さらには、軍事的成功と失敗に関する究極の議論を展開している。

「成功の極限点」

また、『戦略論』は戦争や戦略の弁証法的な性質を理解するためには有用な書である。かつてフランスの戦略思想家アンドレ・ボーフルは、戦争や戦略の領域に内在する弁証法的な性質に注目し、戦略とは相手との相互関係のプロセスを経て形成されるものであり、「敵対する意志の不断の弁証法（＝相互作用）」であると指摘したが、ルトワックも同様の見解を示している。

この書でのルトワックの議論の核心は、第一部「戦略の論理」で展開される戦争や戦略の「パラドキシカル・ロジック（逆説的な論理）」であり、そこには、いかなる成功裏の行動も究極的には自らを敗北に追い込むことになる可能性を孕んでいるとの彼の確信がある。おそらく、このルトワックの確信は、プロイセン・ドイツの戦略思想家カール・フォン・クラウゼヴィッツの「極限点」の概念から着想を得たものであり、実際、彼はこの書で「成功の極限点（culminating point of success）」といった表現を多用している。

確かに、戦略とは逆説（パラドクス）や矛盾に満ちた論理で支配されており、たとえ味方が正しい方策を用いて勝利したとしても、同じ方策を繰り返す限り、いつの間にか「成功の極限点」を踏み越えてしまい、自らの破滅へとつながることになる。なぜなら、味方の勝利そのものが必然的に反応（作用・反作用）を招くからである。つまり、自らの成功こそが失敗の種となるのである。

『戦略論』は、冷戦後の国際情勢の変化を反映して増補改訂版が二〇〇二年に出版されたが、そこで加筆されたものの一つに、国連などが主導する平和維持活動（ＰＫＯ）に対するルトワックの冷ややかな批判がある。この問題については、後で詳しく考察してみたい。

『戦略論』の増補改訂版のさらなる特徴として、一九九九年のコソボ紛争でアメリカが犠牲者を一人も出さなかった事実にルトワックが注目し、「ポストヒロイック・ウォー」の時代の到来をいち早く指摘した点が挙げられる。

この問題も本章で詳しく分析するが、ルトワックの造語である「ポストヒロイック・ウォー」の核心は、仮に味方に少しでも犠牲者が出る可能性があれば、アメリカに代表されるポスト産業社会は極端なまでに戦争を回避する傾向が強いとの認識である。そして、このルトワックの指摘は、戦争を外交や力（パワー）の行使に付随する有用かつ自然、さらには必要な行為であるとすら考える論者――ルトワックとは別の意味でのクラウゼヴィッツ主義者――に対して、厄介な一石を投じることになる。

事実、彼はある論考で「第二次世界大戦時の兵力体系が儀礼的に維持されているうえに［ルトワックは、冷戦期の主要諸国の軍事力構成には常に批判的であった－石津注］、戦死傷者を出すことが許容されなくなっていることから、実際に効果的に運用できる兵力は統計上の兵力の一部にすぎなくなってしまった」と述べている（「Post-Heroic Warfare〈犠牲者なき戦争〉とその意味」）。

3 「ルーティーン・プレシージョン」の時代

エア・パワーの有用性

『戦略論』の増補改訂版のもう一つの特徴は、ルトワック自身が一九九一年の湾岸戦争でのアメリカ空軍の運用計画立案に直接携わった経験から、「ポストヒロイック・ウォー」の時代の到来という自らの認識を踏まえたうえで、エア・パワー（空軍力）の有用性を高く評価している点である。

確かに、エア・パワーの歴史にとって湾岸戦争は大きな転換点となった。例えば、湾岸戦争でのエア・パワーの役割を研究したアメリカの国際政治学者エリオット・コーエンは、この戦争によって、「アメリカの指導者は、今や圧倒的なエア・パワーというこれまでの戦争の歴史には見られない軍事能力を手にしている」と結論を下している。さらにコーエンは、このエア・パワーにより、戦略・指揮・統制だけにとどまらず、戦争の概念自体にも大きな変化が生じつつあると主張する。

また、ルトワックに至っては、「湾岸戦争によって一九二〇年代にドゥーエ、ミッチェル、そしてトレンチャードに代表される空軍理論家が所与のものと考え、しかし、今日まで眠っていたとされるエア・パワーの特性がついに回復された。……（中略）……この戦争によってエア・パワーによる戦争の勝利という約束が、ついに果たされることになった」とさえ述べている（“Air Power in US Military Strategy”）。

実際、湾岸戦争以降、今日に至るまで、エア・パワーはあたかも西側諸国、とりわけアメリカの戦争の同義語であるかのように認識されている。

かつてフランシス・ベーコンは、海軍力を保有する者は「自由を手にし、戦争を思うままに遂行できる」と述べたが、コーエンによれば、今やこの表現はエア・パワーにこそ当てはまる。今後、自国領土外における軍事力行使を望む者は、エア・パワーを極めて魅力的な存在と見なすであろう。

例えば、各国の政府はエア・パワーであれば陸軍力では危険とされる軍事力の段階的投入や使用も可能であると考えている。なぜなら、軍事力行使の際、目標の選択的攻撃が可能なことがエア・パワーの特性の一つであるからである。また、近い将来、仮に非致死的兵器や敵を戦闘不能に陥らせるような軍事技術が開発されれば、敵・味方を問わず、死傷者を伴わない戦争も可能となり、その場合、エア・パワーの魅力はさらに高まるであろう。

加えて、なるほど戦争の最終的な目的が敵にこちら側の意志を強要することである事実は不変であるものの、少なくとも西側諸国では、そのための手段は「あからさまな暴力（brute force）」から「強制（coercion）」へと移行している。強制とは、敵の政策決定者に働き掛ける行為であるため、軍事力の選択的行使が可能なエア・パワーの価値は一段と高まるに違いない。実際、巡航ミサイル——すなわちエア・パワー——が強制の手段として用いられるようになった。いわゆる「トマホーク外交」の登場である。

さらには、その是非については議論の余地があるものの、近年のアメリカやロシアの軍事力行使をめぐる指針に見られる先制攻撃といった概念を具体化するためには、エア・パワーは最適な手段となるであろう。エア・パワーという軍事力は、二〇世紀後半の「時代精神」に見事なまでに合致していたが、こうした傾向は二一世紀に入ってますます強まっているように思われる。おそらく宇宙空間を含めた領域でのエア・パワー（エアロ・スペース・パワー）は、二一世紀という時代を象徴する存在となるであろう。

「ルーティーン・プレシージョン」

そうした中、ルトワックは「ルーティーン・プレシージョン（routine precision）」の時代とでも呼ぶべき今日、エア・パワーの価値とその国家政策の手段としての位置付けが大きく高まった事実を指摘する。

そしてこのルトワックの指摘は、やはり彼の「ポストヒロイック・ウォー」をめぐる議論と同様に、今日の戦争の様相、とりわけ戦争と社会の関係性について理解するための重要な示唆を与えてくれる。

ルトワックは、「ルーティーン・プレシージョン」の時代が湾岸戦争を契機に到来したと述べているが、確かに、歴史を通じて、例えばある兵士が戦場で槍を投げ放ったとしても、それが敵の兵士に命中することなど稀であった。それが今日では、精密性（プレシージョン）が日常化（ルーティーン化）しているのである。今日、エア・パワーが備えた精密性への人々の信頼は極めて高く、同時に、その維持および運用コストは比較的低いとされる（後者の点については議論の余地が十分にあるが）。

興味深いことに、ルトワックと同様に戦争や戦略の研究領域でヴィジョナリーの一人として評価される、イスラエルの歴史家マーチン・ファン・クレフェルト（本書の第

6章で取り上げる）も、ほぼ同じ認識から近著『エア・パワーの時代』（源田孝監訳、芙蓉書房出版、二〇一四年）や、少し古いが『エア・パワーと機動戦（*Air Power and Maneuver Warfare*）』（with Steven L. Canby and Kenneth S. Brower: Maxwell: Air University Press, 1994）を世に問うている。

だが、ルトワックの楽観論とは異なり、エア・パワーは決して万能ではない。戦争の勝利と敗北を分ける大きな要因として、各軍種間の力の「相乗効果」が挙げられることは周知の事実であるが、本章との関連で言えば、イギリスの歴史家フィリップ・セイビンがある論考で鋭く指摘したように、エア・パワーの精密性への人々の期待値が「革命的」なまでに高まった結果、あたかもその技術的能力（あるいは可能性）とは反比例する形で、かえってその運用は困難になりつつある。なぜなら、精密性に対する人々の期待値が高まった結果、戦争で一つの失敗、一つの副次的損害ですら許容されなくなっているからである。ルトワックの言葉を皮肉を込めて援用すれば、これこそエア・パワーをめぐるパラドクスである。

クラウゼヴィッツの継承者？

最後に、クラウゼヴィッツの戦争観の正統な継承者を自任するルトワックは、『戦略論』で「動きが開始されると直ちに、戦争の霧が拡がる」と、クラウゼヴィッツ的な「戦争の霧」という概念を援用している。さらにルトワックは、クラウゼヴィッツがやはり『戦争論』で繰り返し指摘した「摩擦」の概念にも言及しており、ここにもクラウゼヴィッツの戦争観の影響が強くうかがわれる。

また、クラウゼヴィッツは『戦争論』の中で、戦争という危険な活動では優しさから生じる間違いは最悪のものであると、いわゆる博愛主義に対して警告を発していたが、ルトワックも『戦略論』でほぼ同様の認識を示している。

加えて、ルトワックはクラウゼヴィッツと同様に、戦争法は自らに課した抑制にすぎず、言及する価値すらないと極めて懐疑的な立場を取る。戦争に関する法の意義について詳しくは後述するが、こうしてみるとルトワックは、やはりクラウゼヴィッツ主義者であると言えよう。

同時に彼は、孫子の影響を強く受けており、実際、『戦略論』をはじめとする彼の著作は孫子をたびたび引用しており、また、常に「奇襲（surprises）」の要素の重要性がその基調となっている。

4 戦略の「垂直」レベルと「水平」レベル、そしてパラドクス

戦略とは何か

『戦略論』の第二部「戦略のレベル」でルトワックは、戦略には技術、戦術、作戦、戦域、大戦略（グランド・ストラテジー）という五つの「垂直」レベルが存在すると指摘する。これらのレベルは階層構造をなしており、軍事行動の最終的な成否は、大戦略のレベルで決定されることになる。だが、下位のレベルから順番に成功すれば、大戦略のレベルで必ず勝利が得られるというわけではない。

例えば、ヴェトナム戦争においてアメリカは、技術、戦術、作戦、戦域のほぼあらゆるレベルで優位に立っていたにもかかわらず、最終的にはヴェトナムからの撤退を余儀なくされたのであり、この事実は、いかに戦略の下位レベルで優位に立っていても、大戦略のレベルにおいて勝利——真の意味での戦争の勝利——を得ることができるとは限らない事実を示している（大戦略をめぐる具体的な事例は、『戦略論』の第三部「結末——大戦略（グランド・ストラテジー）」で言及されている）。こうした記述から、ルトワックがいかに大戦略とい

う要素を重要視していたかが容易に理解できるであろう。

次に、戦略の遂行には軍事力以外の手段を検討する必要がある。ルトワックはこれを戦略の「水平」レベルと呼び、外交、プロパガンダ、経済力、インテリジェンスといった要素を挙げている。

例えば、太平洋戦争の緒戦で日本は真珠湾奇襲攻撃により戦術的な勝利を収め、戦局を優位に進めた。しかしながら、いくら日本が局地的な戦術的勝利を重ねたとしても、アメリカの経済力を考えれば、時間の経過と共に日本が劣勢に陥ることは自明であった。アメリカの圧倒的な経済力を相殺するためには、アメリカ本土にまで進攻するほかなかったが、当時の日本の国力では不可能であった。そのため、太平洋戦争開戦の時点で、すでに日本の敗北は不可避であったとルトワックは結論を下している。

この議論はやや乱暴にも思えるが、ルトワックの議論の根幹は、戦略の遂行においては五つの「垂直」レベルだけでなく、「水平」レベルの重要性を認識し、それらを総合（harmony）させることが戦争の勝利――大戦略レベルでの政治的勝利――の獲得のためには不可欠であるという点である。

戦略のパラドクス

次にパラドクスについて検討してみよう。

ルトワックによれば、戦争や戦略の領域は決してリニアすなわち直線的なものではなく、パラドクス、つまり逆説で満ちあふれている。戦争や戦略は、それぞれ独立した意志を持つ主体間の相互作用である。そしてこの作用・反作用の連鎖は、クラウゼヴィッツの言う不確実性や偶然、さらには摩擦が存在する中で展開されるため、パラドクスが生じる。

すなわち、目的達成のために選択すべき最も合理的と思える行為が、その目的の達成につながらず、むしろ合理的でないと思われる選択が望ましい結果をもたらすことが多いのが戦争や戦略の領域なのである。

ルトワックは『戦略論』の中で戦略のパラドクスについて、「そのため戦略のすべての領域においては、行動の過程が無限に続くことはない。仮にその当事者の状況の中で外部から仕向けられたいくつかの変化が戦略の論理全体より重くならない限り、かえってそれは逆の方向に進展する傾向がある」（『戦略論』原書一六ページ）と述べ、また、「現実あるいは可能性のある武力紛争の文脈の中で、人間関係の遂行と結果を取り巻いている戦略の領域のみが、パラドキシカルな命題が妥当であると我々は受け入れるようになったのである」（『戦略論』原書二ページ）と指摘する。

その好例が、冷戦期のアメリカとソ連の相互核抑止態勢下での、平和を望む側ほど常に報復攻撃の準備を整えなければならない、侵略する側は温順なまでに思慮深くなければならない、そして、核兵器は使用されない限り有用である、といったパラドクスである。

さらには、勝利が過剰拡大（オーバーストレッチ）によって敗北へと転化するパラドクス、戦争は当事国の消耗によって初めて平和をもたらすパラドクス、戦闘へと向かう最悪の道路は最良の道路となる可能性があるパラドクスなどである。

「平和を欲すれば、戦争に備えよ」とは、戦争と平和をめぐるパラドクスを見事に言い得ているが、そうしたパラドクスを踏まえた結果が、後述する「平和のためには戦争を」とのルトワックの挑発的（ポレミック）な主張につながる。

核抑止について再度考えてみれば、防御するためにはいつでも攻撃できるよう常に臨戦態勢でいなければならないというパラドクスから何らかの利益を引き出すには、継続的かつ熱心に蓄積している核兵器を、決して使用してはならない。攻撃する準備が整っているという事実こそが平和的意図の証（あかし）であり、逆に、防御策を講じることは、攻撃的あるいは少なくとも挑発的と相手に受け取られる。つまり、攻撃的な兵器を備蓄することは、純粋に防御的である可能性があるのである。

「パラドキシカル・ロジック」

繰り返すが、ルトワックは戦争や戦略のあらゆる領域が「パラドキシカル・ロジック」で包まれており、人類の生活のそれ以外のすべての領域における通常的な、そして、直線的（リニア）な論理とは大きく異なると述べる。そして、「常識」はそのほとんどが平時に形成されるため、戦時にその常識を用いても文脈（コンテクスト）を失っていると主張する。

思えば、「パラドキシカル・ロジック」という思考は、ヘーゲルやマルクスの弁証法と酷似しており、実際、ルトワックも自らこれを認めている。また、ルトワックは筆者とのインタビューの中で、自らの戦略思想の源泉、とりわけ「パラドキシカル・ロジック」の源泉として、ギリシアの哲学者ヘラクレイトス (Heraclitus of Ephesus) の、戦争は「弓矢を逆に反らしたようなもの ("back-stretched connection" like that of bow)」であるとの指摘、さらには、一五世紀の神聖ローマ帝国の枢機卿クサのニコラス (Nicholas Cusanus) の造語である「対立するものの一致 (coincidence of opposites)」を挙げた。

加えて、ルトワックは自身の兵士としての体験をあまり語りたがらないが、やはりかつて彼は筆者に対して、自らの戦場での実体験から「パラドキシカル・ロジック」という着想を得たと語ったことがある。

しかしながらルトワックは、なぜ戦争あるいは戦略の領域のみがパラドクスに満ちているのかという『戦略論』の根幹に関わる問いに対しては、納得できる回答を全く示し得ていない。なるほど彼が指摘する通り、戦争や戦略にはパラドクスが付きものである。

だが、なぜ戦争や戦略の領域だけなのか。人類が営むあらゆる社会活動の中で、なぜ戦争や戦略だけが例外的なのか。戦争に限らず、人類が営むすべての活動は、パラドクスに満ちており、例えば政治や経済の領域もパラドクスが存在するのではないか。こうした疑問に答えていない点こそ、『戦略論』の最大の弱点である。

最後に、ルトワックは『戦略論』をはじめとする多くの著作の中で、例えばロバート・マクナマラ国防長官の政策を直線的（リニア）であると批判している。つまり、その費用対効果を基礎とする政策は能率的ではあるものの、戦争では全く有用でないとの批判である。なぜなら、ルトワックにとって戦争は、一般社会の「常識」がほとんど通用しない領域だからである。

だが、ここでも彼のマクナマラ批判はやや一方的で乱暴である。実際、時としてマクナマラのような費用対効果の観点から国防政策を直線的に見直す人物が出てこない限り、巨大な官僚組織である軍隊は肥大化する一方であることもまた、冷徹な歴史の事実なのである。

5　戦争ではあらゆる行為が許されるのか

カイヨワの戦争観

前述したようにルトワックは、『戦略論』をはじめとする著作の中で、戦争ではあらゆる行為が許される旨を述べているが、はたしてこの指摘は妥当であろうか。

確かに、例えばロジェ・カイヨワは、その著『戦争論――われわれの内にひそむ女神ベローナ』（秋枝茂夫訳、法政大学出版局、一九七四年）の中で、アッシリア王が自ら手を染めた残虐行為を自慢したエピソードを紹介している。

この王は打ち負かした敵の手をいかに切断し、その舌をいかに引き抜くかを説明し、また、生身の敵をいかにして串刺しにし、いかにしてその皮を剝ぎ、いかにして壁の中に封じ込めるかを説明したという。さらにこのアッシリア王は、反乱を起こした都市を焼き払い、その国土を荒廃させ、捕虜を磔の刑に処したそうである。また、カイヨワによれば、モンゴル帝国の建国者チンギス・ハーンは戦争の快楽を数え上げて、次のように述べたという。「人間の最も大きな喜びは、敵を打ち負かし、これを眼前より追い払いその持てるものを奪い、その身寄りの者の顔を涙にぬらし、その馬に乗り、その妻や娘を己の腕に抱くことにある」。

同時に戦争は、やはりカイヨワの有名な命題を借りれば「祭り」と類似した活動であり、そこでは道徳的規律の根源的逆転が伴う。

だからこそカイヨワは、「戦争と祭りは、平常の規範を一時中断することであり、真なる力の噴出であって、同時にまた、老朽化と不可避な現象を防ぐための唯一の手段である。祭りの行われぬ間、また平和の時代においては、既得の地位、既存の利益、また聞きにすぎぬ意見、慣習と怠惰、利己主義と偏見などが強化される。物事はみな重苦しく動きの鈍いものとなり、動きの取れぬ状態、あるいは死へと向かっていく。それとは逆に戦争と祭りは、様々な屑や滓を取り除き、虚偽の価値を清算し、本源的なエネルギーの源へと遡る」と述べたのであり、さらには、「祭りが済むと戦争の後と同じように、社会は平静に立ち戻る。飾りに塗った塗料を落とし、仮面を地下に埋める。同様にして、人々は軍服をタンスにしまい、武器は兵器庫に返す。神々と祖先は消え去り、人は各々自分の地位と機能を取り戻す。社会の慣性は再びその重さを取り戻し、あらゆる禁止事項がまた復活される。位階制が強化され、陶酔の時は去って労働が始まる。戦争中に変形された工業も、平時の態勢に戻る。過激の時代はおごそかにその幕を閉じ、平凡な生活が始まる。とはいえその中には、次の爆発を用意する、様々な活動がすでに含まれているのである」と指摘したのである。

戦争における法の位置付け

確かに、ある一面において戦争は混沌（カオス）の状態であり、無秩序（アナーキー）な状態である。しかしながら、前述のクレフェルトがクラウゼヴィッツの戦争観に対する批判の中で鋭く指摘したように、実は戦時においても、守るべきルールは厳然と存在するのである。

クレフェルトについては本書の第6章で取り上げるものの、戦争における法の位置付けをめぐる彼の認識は、ルトワックやクラウゼヴィッツとは対照的であるため、以下で紹介しておきたい。

クレフェルトによれば、クラウゼヴィッツによる戦争に関する法の軽視は、彼の戦争観の中で最も危険な側面である。彼は、戦争に関する法の目的は軍隊そのものを保護することであると主張する。なぜなら、戦争とは不確実性や感情の激発が支配する領域に属する活動だからである。

クレフェルトはまた、戦争に関する法のさらなる目的として、戦争と殺人の間に境界線を引くことを挙げている。他人を殺したり流血を招いたりする事態は、ルールによって慎重に抑制しない限り、社会として許容されない。そして、こうしたルールが存在するのは、殺害がある種の権限を与えられた人々——通常は主権国家に属する正規軍人——によって、ある特別な状況下で所定の規定に沿った形でのみ実行されることを保証するためである。

さらにクレフェルトは、戦争に関する法の目的が、いつ降伏すべきかを敗者側に知らせることで戦争の勝利と敗北を明確にする一助となることであると指摘する。戦争で敵が一人残らず殺害され、敵の所有物が一つ残らず破壊されることなど稀である。その理由は、いつでも、そしてどこでも適用され得る「勝利」を構成する要件が何かについて、既定のルールが存在するからである。通常、敵・味方の間には、「勝利とは何か」について共通の認識がある。だが、仮に当事者間にそうした共通の認識が存在しない場合、戦争は極端なまでに残酷なものになる可能性がある。

また、イギリスの歴史家ジョン・キーガンは、その著『戦略の歴史』（遠藤利国訳、中公文庫、上・下巻、二〇一五年）の中で、「高度に発達した政治制度ならびに倫理体系は、昔から武力行使とその慣例の双方に、法律的ならびに道徳的制約を課そうとしてきた」と述べ、クレフェルトと同様の見解を示している（『戦略の歴史』八〇ページ）。

ここで紹介したクレフェルトの批判はクラウゼヴィッツに向けられたものであるが、これはそのまま、クラウゼヴィッツと同様の見解を抱くルトワックに対しても当てはまる。

そうしてみると、ルトワックが主張するように戦時においてはあらゆるルールが失われ、あらゆる行為が許されるのではなく、クレフェルトやキーガンが指摘したように、戦時でも守るべきルールが厳然と存在するのである。

実はカイヨワですら、戦時には平時とは別のルールが適応されると述べているにすぎないのである。

6 「平和のためには戦争を」あるいは「戦争に出番を与えよ」

戦争が平和をもたらす

ルトワックの『戦略論』は、冷戦後の国際情勢の変化を反映して増補改訂版が二〇〇二年に出版されたが、そこで加筆されたものの一つに、国連などが主導する平和維持活動（PKO）に対する彼の厳しい批判がある。

周知のように、冷戦後に世界各地で頻発する内戦や民族紛争を受けて、戦争（紛争）の当事者を引き離し、停戦させるために、軽武装のPKOが派遣されている。これは、今日の「時代精神（*Zeitgeist*）」とも言える予防や先制の論理——手遅れにならないうちに——の一つの表明である。だが、ルトワックはPKOを外部からの恣意的な介入と捉え、それによって戦争の当事者が一時的に休戦したとしても、その間に次の戦闘に向けて力を蓄えるだけであり、結果的には戦争を長引かせているにすぎないと指摘する。

そして、むしろ当事者の一方あるいは双方が力尽きるまで戦争を続けさせることで最終的に永続的な平和がもたらされるのであり、戦争が元来有している「紛争解決機能」を活用すべきとの挑発的な議論を展開する。つまり、戦争こそが平和を生み出すとのパラドクスである。

　確かに、仮に戦争あるいは紛争が主体間の対立に決着をつけ、その後の平和へと導く機能――戦争の機能論――を備えているとのルトワックの主張が正しければ、そこで重要となることは、まずは戦場での軍事的な決着が完全につくのを辛抱強く見守ることである。

なぜなら、ルトワックが鋭く指摘したように、平和とは戦争における「暴力の極限段階（culminating phase of violence）」――これもクラウゼヴィッツの戦争観の援用――を超え、当事者の一方あるいは双方が完全に消耗して戦場での軍事的勝利への希望が断たれ、何らかの和解策を講じる必要性を認識して初めて可能になるものだからである。

　繰り返すが、いったん、戦争（紛争）が勃発すれば、戦場での決着を最後まで辛抱強く見守るほうが、途中で何らかの介入を試みるよりは、戦後処理の問題を含めて、長期的な観点からはかえって得策なのかもしれない。戦場での軍事的「評決」を待つことなく戦争そのものを停止させることは、ある意味では、戦争のエネルギーを一時的に封じ込めているにすぎず、戦争へと至った対立原因の根本的な解消にはつながらないのである。

休戦や停戦といった状態は、戦争を行っている主体が戦場での軍事的決着を完全につける前に、また、少なくとも当事者のエネルギーが尽き、主体間に厭戦感が充満する前に、極めて中途半端な状態のまま戦争が中断された結果として生じるものである。外部からの介入による中断では、戦争の当事者内には厭戦感など生じないであろうし、また、当事者が休戦・停戦期間を利用して戦力の立て直しを図ることすら可能になる。

戦争の機能

さらには、歴史的に見て休戦や停戦といった状態は非常に脆弱なものであり、戦争（紛争）が再開される事例が多いのが実状である。またその際に問題となるのは、総じて、休戦・停戦以前の状態と比較する時、この再開された戦争は、その破壊力においても期間においても抑制へと向かうとは限らない。

すなわち、強要された休戦・停戦とは、人為的に対立を凍結して戦争状態を無制限に引き延ばしただけにすぎず、また、その過程で本来の「敗者」となるべき側が和平のために譲歩しなかった代償、つまり、戦場での軍事的敗北を結果的には免れることを可能にするからである。

そうであれば、戦争に全く決着がつかない状態が水面下に残され、その後の真の平和も実現できないことになる。だからこそ、ルトワックは「戦争に出番を与えよ（Give War a Chance）」との極めて挑発的（ポレミック）な議論を展開したのである。

確かに、例えば冷戦期の米ソ間の対立に起因するようなグローバルな規模での戦争を除けば、不幸にして戦争（紛争）が生起した場合、当事者間で戦場での軍事的な決着がつくまで、あるいは、少なくとも当事者が消耗し尽くすまで戦争を静観するほうが、場合によっては問題の解決につながることさえある。これこそ戦争と平和をめぐるパラドクスであるが、真の意味での平和を構築するためには、時として生起した戦争を放っておくことも必要なのである。

それが、ルトワックの「平和のためには戦争を（Make War to Make Peace）」の意味するところである。

このルトワックの主張は、アメリカの外交専門雑誌『フォーリン・アフェアーズ』で最初に発表され、当時の戦争（紛争）解決におけるＰＫＯへの国際世論の期待の高まりに対して、さらには、「人道的介入」をめぐる議論に対して冷や水を浴びせるものとして話題になった (Edward N. Luttwak, "Give War a Chance," *Foreign Affairs*, Vol. 78, No. 4 [July/ August 1999])。ポレミック——論争を巻き起こす人物——としてのルトワックの真骨頂である。

7 戦争は人間社会に必要である

戦争のみが平和への道

ルトワックは、戦争は人間社会に必要であると主張する。では一体、なぜ戦争が必要とされるのか。

ルトワックによるとその理由は単純で、戦争のみが平和への道であるからである。戦争は、文字通り戦争を遂行するために必要な資源を焼き尽くし、破壊し尽くすことで平和への道筋をつける。同時に、そもそも人間を戦争へと駆り立てる希望、野心、期待などを破壊することによって、戦争は平和をもたらす。

つまり、戦争は人々の心の中で戦争へと導く思考そのものを破壊することによって平和をもたらすのであり、必要であれば、戦争を行うために不可欠な手段や資源でさえ破壊する。だからこそルトワックは、人類を戦争へと駆り立てる物質的、精神的要因の双方を取り除くことが可能な戦争を、一つの美徳（ヴァーチュー）であるとするのである。

例えば、冷戦初期の中東情勢を考えてみよう。ルトワックによれば、一九四七年（第一次中東戦争）には平和を導くための戦争が行われたのではなく、アラブ諸国とイスラエルの紛争は、国際連合の仲介――あるいは干渉――によって中断されたにすぎない。戦争が、人々に力の現実を受け入れさせることで平和への道筋をつけるという機能を始動した瞬間に、停戦となってしまった結果、その後は、停戦の破棄と国際社会のさらなる介入を繰り返しているだけである。

必ずしも平和は、戦場での軍事的勝利によって得られるわけではない。とりわけ今日では、敵を完全に殲滅（せんめつ）することなど現実にはあり得ない。平和は、敵・味方の消耗のプロセスである。当事者の一方あるいは双方が勝利を得られないと感じた時に初めて、戦争は平和へと導かれるのである。

二一世紀の「時代精神」

以上、やや長くなったがルトワックの戦争と平和をめぐる認識を紹介した。なるほどこうした彼の議論は極めて示唆に富むが、問題は、はたしてこれが二一世紀の「時代精神」に合致するかである。

すなわち、今日では戦争や戦略に限らず、社会のあらゆる領域が「予防原則」で埋め尽くされており、例えばそれは、環境問題への人々の関心の高まりに端的に表れている。つまり、「悠長に因果関係などを検証している場合ではなく、手遅れにならないうちに、早急に何らかの対策を講じるべきである」との認識であり、戦争や戦略の領域では、これは「先制攻撃」（あるいはやや意味合いは異なるが「予防戦争」）の概念につながる。

実際、これは二〇〇三年のイラク戦争をアメリカが正当化した根拠の一つであり、また、この論理に従えば、現実にイラクが大量破壊兵器（WMD）を保有しているか否かの問題は副次的なものになる。さらには、戦争（紛争）の様相の変化に伴い抑止の対象が見え難くなっている今日、あるいは「リスク社会」と呼ばれる今日、先制や予防の原則はますます強まっていくであろう。

このように、今日の「時代精神」は、国際社会による迅速な介入を求めている。

その結果、確かに戦争（紛争）は中断されるが、実はそれが意味するところは、戦争が絶え間なく継続されるということにすぎない。実際、ルトワックはアメリカでのあるインタビューの中で、「いかに善意をもって紛争に介入したとしても、結果は間違いなく困難をもたらすことになる。もし戦場で人道主義者を見つけたら、彼らを射殺するのが正しい。なぜなら、彼らこそ紛争を長期化させている張本人だからである」と述べている。

さらに彼は、「戦争や紛争の領域に善意をもって介入したとしても、実はその根本的解決を妨げているという現実に、我々は少しでも早く気付くべきである」と続けている。

8 「ポストヒロイック・ウォー」——犠牲者なき戦争

「ポストヒロイック・ウォー」の時代

前述したように、『戦略論』の増補改訂版のさらなる特徴は、ルトワックが一九九九年のコソボ紛争でアメリカ軍が犠牲者を一人も出さなかった事実に注目し、「ポストヒロイック・ウォー」の時代の到来をいち早く指摘したことである。

クラウゼヴィッツを引用するまでもなく、戦争とは優れて社会的な活動である。そしてこの事実を見事に物語っている事例として、ルトワックが主唱した「ポストヒロイック・ウォー」の概念が挙げられる。端的に言って、彼の意味する「ポストヒロイック・ウォー」とは、とりわけアメリカ国内で顕著に見られるような、戦争での犠牲者を許容しない傾向が強い社会が生まれた原因を、一般に信じられている民主主義体制やマスメディアの影響に求めるのではなく、むしろ、ポスト産業社会における人口基盤に求めたものである。

すなわち、ルトワックは、仮に民主主義と戦争での犠牲者への許容度の低さに何らかの因果関係が存在するとすれば、一九七九年に始まるソ連のアフガニスタン侵攻に際してソ連国内で見られた同様の現象や、その後、ソ連軍がアフガニスタン内で実際に用いた過度なまでに犠牲者数に神経質な軍事戦略を説明できないとして、犠牲者に対する許容度が低下した最大の原因は、いわゆる先進諸国での出生率の低下によるとしたのである。

ルトワックによれば、「アフガニスタン紛争時、諸外国はソ連が戦場で最小限のコストで最大限の成果を上げられるような戦略を取っているのを当惑の面持ちで眺めていた。ソ連は初めに支配地域を確立すると、複数の大都市とそれらを結ぶ『環状道路』のみを防衛し、それ以外のアフガニスタン国土の大部分をゲリラ勢力に譲ってしまった。同時に諸外国は、ソ連陸軍の異常なまでに慎重な戦術的行動に驚愕した。ごく一部のコマンド部隊を除いて、大半のソ連陸軍部隊は陣地に閉じこもり、外へ出ないのである。ゲリラが付近で行動しているとの情報が入っても出撃しないことのほうが多かった。これについては当時、現場指揮官が訓練の極めて不十分な召集兵に期待するのを躊躇したという説明が一般にされていた。ところが、真相は違っていた。ソ連軍野戦指揮官は戦死傷者を絶対に出さないよう、モスクワから強い圧力を掛けられていたのである」（「Post-Heroic Warfare〈犠牲者なき戦争〉とその意味」）。

出生率の低下

ルトワックは、さらに次のように続ける。「例えば、これ［この考え方―石津注］はどうであろう。近代ポスト産業社会の人口基盤である。かつての大国では一家族に子供が四人から六人いるのが普通で、七人、八人、九人いるのも、今日の一人っ子、二人兄弟、三人兄弟と比べて、少しも珍しくなかった。反対に、幼児の死亡率は高かった。子供を一人や二人病気で亡くすのは全く当たり前であった時代に戦争でもう一人失うのと、今日のように一家族当たりの子供の数が平均二・二人で、全員が長生きすると思われ、家族が子供ひとりひとりに注ぐ愛情も昔と比べてはるかに強くなっている時代とを比較するのはどだい無理な話である」(「Post-Heroic Warfare〈犠牲者なき戦争〉とその意味」)。

「さらに、昔は死そのものが老人に限ったことではなく、ごくありふれた日常生活の一部であった。確かに、何らかの理由で息子や兄弟がいなくなるのは、いつの時代でも悲しいことではあるが、今日と違って、戦死も決して異常な出来事でなく、基本的に受け入れ難いものではなかった。今の時代、子供が軍隊に入るのを反対しなかった親や親戚でも、実際に戦場へ赴くとなったら驚き、憤るであろう。また、子供が負傷したり戦死したりすれば、戦場で当然起こり得る事故と考えずに、あまりにも惨たらしい仕打ちと思うのである」(「Post-Heroic Warfare〈犠牲者なき戦争〉とその意味」)。

また、ルトワックはポスト産業社会の国家を以下のように描写する。すなわち、「経済規模が大きく小家族が中心の国家。理論上、想定はされるが実際には使えないありとあらゆる能力を備える費用が極めて高くつく軍隊を保有しているが、危険が皆無か、あっても小さい長距離爆撃や敵から攻撃されない地域での海軍作戦などしか行えなくなっている国家。例えば、『アパッチ』攻撃ヘリコプターはコソボ紛争発生後一週間のうちにアルバニアに配備されたが、人命が失われる危険が高すぎると判断されたために、その後一〇週間続いた紛争期間中、一度も実戦に投入されなかったという事実は、このことを如実に物語っている」(「Post-Heroic Warfare〈犠牲者なき戦争〉とその意味」)。

確かに、「コソボ紛争において、『アパッチ』攻撃ヘリコプターは、高度一五〇〇〇フィート以上を安全に飛行できないという理由で運用が中止され、逆に、NATO攻撃機は、それ以上の高度を飛行可能であったため使用が許されたのである」(*The Times Literary Supplement*)。

以上をまとめれば、ルトワックによれば戦争での犠牲者を許容しない傾向が先進諸国を中心に強まっているのは、子供の数が減ったからであり、その子供が戦争での犠牲になることは許さないとの親――特に母親――からの強い圧力の結果である。もちろん、いつの時代でも子供の死は親にとって耐え難いものであるが、かつての社会では、大家族の中で何人かの子供が病気や戦争の犠牲になることは、いわば「運命」として甘受されていた。

だが出生率が限りなく低下しているポスト産業社会では、子供の死、それも戦争での死は絶対に受け入れられなくなってきた。事実、戦争での犠牲者に対して極度に神経質になっている現象は、アメリカだけにとどまらず、経済的に発展し出生率の低い社会——ポスト産業社会——に共通して見られる。

マスメディアの影響

また、しばしば指摘されているマスメディアの影響についても、例えば、ヴェトナム戦争でのアメリカとは異なり、ソ連はアフガニスタン侵攻に際して国内での徹底的な報道規制を敷いたにもかかわらず（そもそも当時のソ連国内で報道の自由が認められていたかも疑わしい）、戦争の犠牲者に対するソ連社会全体の反応は、実質的にはアメリカ国内のものと違いがなかったのである。

そうであれば、出生率や家族構成といった、一見、戦争とは直接関係のなさそうな社会的な要因が、実はその時代の戦争の様相、さらには人々の戦争観に強く影響を及ぼす事実を見落としてはならない。

マスメディアの影響についてルトワックは、「わずかな戦死傷者の発生も許容しなくなっている現在の風潮が生まれた背景には、テレビ映像の影響が大きいとよく言われるが、同じアフガニスタン紛争を例に取れば、この説明も適当でないことが分かる。アメリカではヴェトナム戦争からソマリア介入まで、戦闘のたびに、テレビは傷付いた兵士や悲しみにくれる親類縁者の姿をカラー映像付きで速報した。こうした経験はあまりに重くて辛いので、基本的に重要でないとして排除するのは愚かしいと感じるかもしれない。しかし、アメリカと異なり、ソ連はアフガニスタン紛争時、戦場の様子がテレビを通じて国民の目に触れるのを決して許さなかったにもかかわらず、アフガニスタン紛争での死傷者の発生に対するソ連社会の反応は、アメリカ社会がヴェトナム戦争時に示した反応と本質的に変わらなかった」と述べている（「Post-Heroic Warfare〈犠牲者なき戦争〉とその意味」）。

確かにルトワックが主張するように、犠牲者に対して極度に神経質になることはアメリカにとどまらず、経済的に発展して出生率の低い社会に共通して見られた現象であり、例えば、長期化したボスニア紛争で、イギリス、フランス、ドイツ、イタリアの各国政府は、危険を冒してまで自国軍をセルビア人勢力と対峙させようとはしなかった。

ルトワックが指摘するように、自国軍に対する報復を招くかもしれないとの不安を抱きつつ、この四カ国がようやく、本当に渋々ながら慎重に範囲を限定したＮＡＴＯ

による空爆に同意し、この作戦を発動したのは、おぞましいほどの非人道的行為がほぼ二年間も行われた後、一九九四年二月になってからであった。

9　大国とは何か

大国の条件

この点について、「大国とは何か」という問題を含めてルトワックは次のように説明する。「確かに、イギリスもフランスもほかのヨーロッパ諸国も、旧ユーゴスラビアに『死活的』な利益はなかった。しかしながら、それこそが問題の核心部分である。かつての大国であれば、ユーゴスラビアの解体を回避すべき問題としてではなく、利用すべきチャンスと見て、戦禍に苛まれている住民の保護を口実に、法と秩序の回復という目的を掲げて、独自の支配地域の確立を目指して武力介入したであろう。このようにセルビア人の野望は挫かれ、地元住民は多大な恩恵に浴したという形で、『力の真空』が埋められたことであろう」（「Post-Heroic Warfare〈犠牲者なき戦争〉とその意味」、“Where Are the Great Power ?”)。

なぜなら、ルトワックにとって大国とは、「自国の防衛はもちろんのこと、瑣末であまり重要でない利益を守るためにも戦争を遂行する能力」を有する国家を意味するからである。つまり、大国とは、「自国の死活的な利益」と関係なくても戦う用意のある国家のことを指すのである。

以上が、ルトワックが主唱する「ポストヒロイック・ウォー」の概念である。だが、二〇〇一年の「9・11アメリカ同時多発テロ事件」以後のアメリカのアフガニスタン戦争やイラク戦争を見れば、こうした彼の指摘が必ずしも妥当でなかったことが証明された。

結局、人々は出生率が高いか否かにかかわらず、戦争に自らが信じる「大義」がある限り喜んで戦場へ赴くものである。また、当然ながらポスト産業社会にまで到達していない国家や地域にとっては、このルトワックの主張が当てはまるはずはなく、逆にポスト産業社会の犠牲者に対する許容度の低下は、「非対称戦争」の手段の一つとして、非ポスト産業社会によって逆手(さかて)に取られることになる。

つまり、一人でも兵士が犠牲になれば、世論の圧力を受けてアメリカは直ちに撤退するであろうとの認識であり、この認識を基にした長期の消耗戦争――その一例がゲリラ戦――が戦われることになる。

こうした批判を受けてルトワックは後年、「戦死傷者の発生が許容されるかどうかは、戦争の重要性の認識、争点となっているものの客観的な価値、あるいは少なくとも政治指導者が戦闘の必要性を正当化できるかどうかにかかっている。第二次世界大戦の時でさえ、兵士たちは『最重要でない』戦線に送られるとなったら、憤然としたのである。そして、当然ながら戦死や戦傷を正当化する説明材料を欠く場合、反発はさらに強まるであろう」と、当初の議論をやや後退させた弁明を行っている（「Post-Heroic Warfare〈犠牲者なき戦争〉とその意味」）。

それでも「ポストヒロイック・ウォー」は続く

それと同時にルトワックは、「（前略）結局、重要なことは、いつの時代も変わらず、争点となっている利益の重要性と政治指導者の戦時指導力であるかのようである。[だが――石津注]、こうした議論を行う価値はあっても大きくはない」とも反論する。

「第一に、すでに国家レベルの重要性を持つ劇的な危機として問題が発生している場合にのみ生命を危険にさらすことができるのであれば、それだけで迅速、かつ、大規模でなく小規模で、総力を挙げて危機に対処するよりも紛争拡大を防止することを目的とした最大に効果を発揮する軍事力の行使は除外される。

第二に、仮に軍事力行使を正当化する差し迫った材料がある場合にのみ軍事力を行使できるとするのは、脅威にさらされている小国にしか適当でない。大国にとってそうした条件は厳しすぎる。自国の『死活的』な利益を守ることしかできないならば、大国は大国たり得ない。大国は死活的とは言えないような利益はもちろん、同盟国や従属国をも守らなければならない。ゆえに、目的が説得力に欠ける場合でも、大国は危険を冒して戦争に訴えなければならないのである。

第三に、政治指導力を発揮するに一際長け、断固たる意志を持った指導者だけが、例外的に現代の家族構成に起因する影響の少なくともその一部を克服できるのは確かである。湾岸戦争とフォークランド紛争は明らかにそうした事例で、ブッシュ大統領とサッチャー首相の卓越した指導力がなければ、とても遂行できなかった戦争である。しかし、指導力という要素は両刃（もろは）の剣である。大国は日々その役割を果たさねばならない。したがって、非凡な戦争指導者が偶然、現れてくれるのを待ってはいられない。イギリスがフォークランド紛争に踏み切ったのは、アルゼンチンの軍事力を極めて低く評価していた（とりわけ、アルゼンチン空軍を著しく過小に評価していた）からである。同様に、一九九一年の『砂漠の嵐』作戦を軍隊派遣当初から突然の地上戦即時中止決定までのあらゆる行動を規定したのは、最小限のコストで最大限の成果を上げよという至上命令であった。その結果、サダム・フセイン政権を生き長らえさせてしまった（イラクの軍事力を徹底的に破壊してしまわなかったのは、そうしてしまうと、イランが次なる脅威として浮上してくるのではないかという懸念があったためでもある）。

結局、非凡な指導者が存在すると軍事力が行使される可能性が高まるが、その一方で、行動の自由は依然として極めて制限されたままである。湾岸戦争の死傷者数が、二つの世界大戦で激戦があった日の死傷者数並みになっていたら、ブッシュ大統領とその政権がどうなっていたかは容易に想像できよう」（「Post-Heroic Warfare〈犠牲者なき戦争〉とその意味」）。

これもやや乱暴な議論に思えるが、最後にルトワックは以下のように続けている。少し長いが、非常に興味深い論点なので引用を続ける。

「家族構成説が正しいとすれば、出生率が低い経済先進国であるアメリカ、ロシア、イギリス、フランス、日本、そしてドイツは、いずれもかつての大国が果たしていた役割をもはや担えないということになる。こうした国々は外見上、相当、大規模な軍隊を保有しているが、社会が戦死傷者の発生に強く反対しているため、戦死者が出る恐れがある場合、軍隊をまともに使えない。もちろん、人命がめったに危険にさらされることのない空軍力だけでも大きな戦果を上げられる。海軍力は依然として健在であるし、ロボット兵器も開発間近である。しかし、ボスニア、ソマリア、ハイチ、東ティモール、そして最近のコソボの事例を顧みても、『秩序回復』という大国の典型的な仕事には、やはり地上部隊が必要ということは明らかである。

しかしながら、当面の大きな問題は、戦争で犠牲者を出すことについてあまり制約を受けない敵に対して、犠牲者なき戦争にどれだけのチャンスが残されているかである。……（中略）……。

結局、犠牲者なき戦争は、ソマリアやチェチェンのような周辺地域に対してのみ相応しい。世界中にはすでに、見捨てられて秩序を失い、小規模な紛争が絶えないような『足を踏み入れられない』地域がたくさんあり、アフガニスタンやハイチ、アフリカの各地のように発展が止まり、貧困が増しているようなところもある。こうした傾向は、今後も続くであろう。これが、もはや真の大国ではない犠牲者なき戦争の時代の『主役たち』が生きる未来である。しかも、その未来はすでに始まっている」(「Post-Heroic Warfare〈犠牲者なき戦争〉とその意味」、"Where Are the Great Power ?")。

勝利なき介入

確かに、ルトワックが鋭く指摘するように、問題の核心は、戦争あるいは紛争において真の国際的な介入を強く抑制する要因が存在していることである。また、そうした行動において「勝利」という言葉は、もはや適切ではないのかもしれない。

ルトワックの、*The Times Literary Supplement* での議論を要約すると、以下のようになる。すなわち、「セルビアやそれに類似する国家に対しては、それら諸国を簡単に敗北に追い込むことが可能で、かつ、攻撃側に犠牲者を出すことなく空爆可能な効果的目標が存在するという理由で、攻撃することに意味があるかもしれない。さらには、これら諸国の政治指導者は、公共施設――交通手段や電力供給――が破壊された時に生じる不便に対する国民の反発に敏感である。だが、例えばタリバン[二〇〇〇年の時点での―石津注]やスーダンの支配者に代表される極めて抑圧的な政権は、

『ポストヒロイック・ウォー』爆撃において有効な目標を提供できない。また、ロシアや中国はあまりにも強大すぎ、自国に対するいかなる国連の行動にも拒否権を発動するであろう。インドやパキスタンに代表される、それほど強大ではないとはいえ、核能力を備えた国家も同様であろう。それ以外の抑圧的な政権、すなわち多数のアフリカ諸国でも、先進諸国の無関心のため、あるいは、西側諸国内の強力な友好国の存在により、攻撃から保護されてしまうであろう」。

10 『ローマ帝国の大戦略』『ビザンツ帝国の大戦略』、そして『中国の台頭と戦略の論理』

ローマ帝国の大戦略（グランド・ストラテジー）

最後に、ルトワックの『戦略論』以外の近年の著作の中から、本書の主題である大戦略（グランド・ストラテジー）との関連で、とりわけ一読に値するものを三冊紹介しておこう。

第一に、『ローマ帝国の大戦略（グランド・ストラテジー）』（*The Grand Strategy of the Roman Empire from the First*

Century AD to the Third)』(Baltimore: The Johns Hopkins University Press, 1976) は、歴史家の論争に大きな一石を投じた著作である。もちろん、ルトワックは古代ローマ史の専門家ではない。だが、彼が戦略論の立場からこの書で展開したローマの軍隊とその境界線防衛をめぐる議論は、大きな論争を巻き起こした後、今日では歴史家に一般に受け入れられている。

この書でのルトワックの問題意識は、「いかにしてローマ帝国はその境界を防衛したのか」であった。彼によれば、共和制時代末期から帝制初期にかけて（一世紀中頃まで）のローマは、「覇権帝国（ヘゲモニー）」であり、征服を継続するための大戦略が用いられた。これとは対照的に、一世紀後半から三世紀末頃にかけてのローマをルトワックは「領域帝国（テリトリアル）」と呼び、この時期に支配的であった大戦略はローマの指導者が意識的に立案した計画であったと主張する。

それは「力の節約」を目的とする防衛戦略であり、そのための地理を慎重に考慮し、防衛に適した有効な境界線――河川、海、砂漠、山脈などとなるべく自然の境界線――を選び、人工の防衛施設（「ハドリアヌスの長城」に代表される城壁や壕など）によって、それまでの境界線を強化したのである。

こうした議論は、一四四九年の「土木（どぼく）の変」を契機に、それまでの攻勢的な国家政策から極めて慎重かつ防勢的なもの――その象徴的事例が「万里の長城」と海禁政策――へと変貌した中国の明王朝の大戦略を彷彿とさせる。

だが、『ローマ帝国の大戦略』でのルトワックの議論は、いわゆる「クリエンテーラ諸国」――ローマの権威に屈し、ローマの保護下となった周辺諸国――の領域内での戦争に集中していたため、冷戦期、アメリカとソ連に挟まれた西ヨーロッパ諸国の研究者は、そこに同時代への類比の匂いを嗅ぎ取り、この書に対して否定的な評価を下した。そして結果的に、今日でもこの書への批判の一つとなっている。

また、この書に対するより根源的な批判として、当時のローマ人は大戦略なるものを構想するために必要な知的手段を持ち合わせていなかったというものが挙げられる。例えば、ローマ人は自らの帝国の正確かつ詳細な地図すら保持しておらず、「戦略地図」や大戦略など描けるはずがなかったのである。

ビザンツ帝国の大戦略

次に、二〇〇九年に出版された『ビザンツ帝国の大戦略（*The Grand Strategy of the Byzantine Empire*）』（Cambridge, MA: Belknap Press, 2009）でルトワックは、たとえ同時代の人々が明確に認識していなかったとしても、すべての国家には大戦略が存在すると主張した。

そして、明示的に語られることがなかったにせよ、疑いなくビザンツ帝国(=東ローマ帝国)にはある種の大戦略が存在していたが、ルトワックは、それを「オペレーショナル・コード」と呼ぶ。

彼によれば、ビザンツ帝国の「オペレーショナル・コード」は、以下のようにまとめられる。

①すべての考え得る状況において、可能な限りの方策を用いて戦争を回避する。しかし常に、いつ何時(なんどき)戦争が開始してもよいように行動する。

②敵とその考え方に関する情報を集め、継続的に敵の動きを監視する。

③攻勢と防勢の双方で精力的に軍事行動を実施するが、多くの場合は小規模な部隊で攻撃し、総攻撃よりも斥候、襲撃および小規模な戦闘に重点を置く。

④消耗戦争は「非戦闘(nonbattle)」の機動に置き換える。

⑤全般的な勢力均衡を変えるために同盟国を求め、戦争を首尾よく終結できるよう目指す。

⑥敵の政府の転覆は、勝利への最善の道である。

⑦外交や政府の転覆が十分でなく、戦争を行わなければならない場合、戦争は、敵の最も顕著な強みを引き出させず、敵の弱みを突いた「相関的［合理的］(relational)」な作戦と戦術を用いるべきである。

確かに、「ビザンツ流の戦争方法」という概念がある。東ローマ帝国の生き残りを賭けたこの戦争方法の最も顕著な特徴は、現状維持国としてあくまでも防勢に徹するという基本方針であった。

そこでは、仮にほかに適当な手段が存在するのであれば、可能な限り戦争を回避すると共に、いったん、戦争が勃発すれば、最小限の兵力と資源で戦争の勝利を得ることこそ理想的な戦い方であるとされた。当然ながら、正義や道徳といった抽象的な価値の名のもとで戦争を遂行することなど、絶対に許されないことであった。

中国の大戦略（グランド・ストラテジー）

最後に、ルトワックの近著『中国の台頭と戦略の論理（*The Rise of China versus the Logic of Strategy*）』(Cambridge, MA: Harvard University Press, 2012) での彼の中国に対する見方は、国内のあらゆる行動主体が独自の利益を求めて独自に行動しているため、外部から見れば中国が極めて攻撃的に映るというものである（この書の邦訳『自滅する中国――なぜ世界帝国になれないのか』〔奥山真司監訳〕が二〇一三年に芙蓉書房出版より出版された）。

そして、ルトワックは中国が大国特有の「独善（Autism）」に悩まされていると主張する。ここで「独善」とは、周囲の発言にほとんど注意を払うことなく、文字通り自らの殻の中に閉じこもる状態を指すのであるが、これは中国の文化の一部となっているとルトワックは主張する。そして、近年の中国のやや独善的な態度を彼は「独善」と呼ぶのである。

ルトワックがこの書で指摘する中国の第二の特徴は、戦略文化と関係しており、とりわけ孫子（そんし）の影響が強い中国では、直接的な軍事行動や逆に明確な合意などによってではなく、「ずる賢い」やり方――奇計――に頼る傾向が強いという。だが、この指摘もまたやや乱暴であり、はたしてルトワックが主張するように、今日の一般的な中国人が、どれほど孫子を読み、どれほど孫子の内容を理解しているかについては大きな疑問が残る。さらに踏み込んで言えば、孫子に限らず現実の大戦略の策定に対する戦略思想家の影響については、決して過大に評価されてはならない。

次に、この書でルトワックは、中国がいわば「後天的戦略欠乏症候群（Acquired Strategic Deficiency Syndrome）」に悩まされていると指摘するが、これは彼の卓見であろう。確かに、今日の中国が抱えている問題は、攻撃的かつ敵対的な大戦略が存在しているからではなく、むしろ大戦略の欠如なのである。つまり、中国は国家としての強固な大戦略など持ち合わせていないから、国内の主体が独自にばらばらの行動に出るのである。

また、ルトワックはこの書で、時の流れは中国に味方しており、中国は国際政治の動向をただ静観していればよいはずなのに、なぜ論理的に行動しないのかとの素朴な疑問を投げ掛けている。つまり、なぜ今日の中国は非合理的にも攻撃的な行動を取り続けるのかという疑問であるが、残念ながらここには、まさに「オリエンタリズム」(サイード)としか表現し得ないルトワックの、さらには西欧全般の、非西欧社会に対する偏見がうかがえる。

『中国の台頭と戦略の論理』でもルトワックは、中国に対する「地経学(geo-economics)」的な対応を唱えており、周辺諸国が協力して中国を経済的に封じ込める方策――その実現可能性には疑問が残るものの――が理論的には正しい選択肢であると主張する。紙幅の都合で本章で詳しく紹介する余裕はないが、実は冷戦の終結を受けて本書の第1章で紹介したハルフォード・マッキンダーに代表される地政学はもはや時代遅れであるとして、新たに「地経学」を提唱して大きな論争を巻き起こしたのも、やはりルトワックであった。

彼によれば「地経学」とは、「商業という文法を持った戦略の論理（logic of strategy in the grammar of commerce）」であり、パワー・ゲームであり、一般の経済活動とは異なり競い合う側の双方にプラスになることはないという。

だが、ここでもルトワックの意味する「地経学」とはその斬新な発想とは裏腹に、議論の組み立てが粗雑であり、また、その核心部分が意味するところについては曖昧なままであった。

おわりに——人々の思考を刺激し続ける

本章の冒頭でも述べたが、戦略家の一つの条件として、挑発的（ポレミック）とも思える問題提起を行い、大きな論争を巻き起こし、その結果、実務者や研究者の問題意識を変化させ、時として実際の政策や学説の変更につながるというものが挙げられる。

その意味でルトワックは、ポレミックあるいはヴィジョナリーの名に十分に値する資質を備えた戦略家である（ルトワック自身は、ポレミック——論争を巻き起こす人物——という筆者の評価に対して不満を述べたが）。

確かに彼の主張は、挑発的(ポレミック)ではあり必ずしも論理的ではなく、首尾一貫していないことも多々あるが、今日でも挑発的(ポレミック)な議論を展開し、人々の思考を刺激し続けている彼の功績は決して小さくないように思われる。

（注）本章には、二〇一一年および二〇一二年の二度にわたる筆者によるルトワック博士へのインタビューの内容が反映されている。

（主要参考文献）

Edward N. Luttwak, *Strategy: The Logic of War and Peace*, Revised and Enlarged Edition (Cambridge, MA: Harvard University Press, 2002).
Edward N. Luttwak, *On the Meaning of Victory: Essays on Strategy* (New York, NY: Simon and Schuster, 1986).
Edward N. Luttwak, *Strategy and Politics: Collected Essays* (New Brunswick: Transaction Books, 1980).
Edward N. Luttwak, *Strategy and History* (New Jersey: Transaction Publisher, 1985).
Edward N. Luttwak, *The Grand Strategy of the Roman Empire from the First Century AD to the Third* (Baltimore: The Johns Hopkins University Press, 1976).
Edward N. Luttwak, *The Grand Strategy of the Byzantine Empire* (Cambridge, MA: Belknap Press, 2009).
Edward N. Luttwak, *The Rise of China versus the Logic of Strategy* (Cambridge, MA: Harvard University Press, 2012).
Edward N. Luttwak, "Where Are the Great Powers?," *Foreign Affairs*, Vol. 73, No. 4 (July/ August 1994).

Edward N. Luttwak, "Give War a Chance," *Foreign Affairs*, Vol. 78, No. 4 (July/ August 1999).
Edward N. Luttwak, "Toward Post-Heroic Warfare," *Foreign Affairs*, Vol. 74, No. 3 (May/ June 1995).
Edward N. Luttwak, "A Post-Heroic Military Policy," *Foreign Affairs*, Vol.75, No. 4 (July/ August 1996).
Edward N. Luttwak, "From Vietnam to Desert Fox: Civil-Military Relations in Modern Democracies," *Survival*, Vol. 41, No. 1 (Spring 1999).
Edward N. Luttwak, "Strategy: A New Era?" in Grethe B. Peterson, ed., *The Tanner Lectures on Human Values, 1989* (Salt Lake City: University of Utah Press, 1991).
Edward N. Luttwak, "Air Power in US Military Strategy," in The International Security Studies Program, The Fletcher School of Law and Diplomacy, ed., *The United States Air Force: Aerospace Challenges and Missions in the 1990s* (Cambridge, MA: Tufts University, 1991).
Edward N. Luttwak, "No-score War," *The Times Literary Supplement* (14 July 2000).
Edward N. Luttwak, "The End of War and the Future of Political Violence"（一九九九年二月、サンクト・ペテルブルグで開催された学術会議「戦争の将来」での発表論文）.
エドワード・ルトワック「Post-Heroic Warfare〈犠牲者なき戦争〉とその意味」『21世紀の戦争と平和——20世紀を振り返って』防衛庁防衛研究所、二〇〇〇年
Patrick Porter, *Military Orientalism: Eastern War Through Western Eyes* (London: Hurst & Company, 2009).
Eliot A. Cohen, "The Mystique of U.S. Air Power," *Foreign Affairs*, Vol. 73, No. 1 (January/ February 1994).
道下徳成、石津朋之、長尾雄一郎、加藤朗共著『現代戦略論——戦争は政治の手段か』勁草書房、二〇〇〇年
石津朋之編著『名著で学ぶ戦争論』日本経済新聞出版社、二〇〇九年（第Ⅵ部の「ルトワック『戦略』」

の執筆担当は塚本勝也）
石津朋之、永末聡、塚本勝也共編著『戦略原論——軍事と平和のグランド・ストラテジー』日本経済新聞出版社、二〇一〇年
石津朋之『リデルハート——戦略家の生涯とリベラルな戦争観』中公文庫、二〇二〇年
石津朋之、立川京一、道下徳成、塚本勝也共編著『エア・パワー——その理論と実践』芙蓉書房、二〇〇五年
ジョン・ベイリス、ジェームズ・ウィルツ、コリン・S・グレイ共編著、石津朋之監訳『戦略論——現代世界の軍事と戦争』勁草書房、二〇一二年
マーチン・ファン・クレフェルト著、石津朋之監訳『戦争の変遷』原書房、二〇一一年
ロジェ・カイヨワ著、秋枝茂夫訳『戦争論——われわれの内にひそむ女神ベローナ』法政大学出版局、一九七四年
ロジェ・カイヨワ著、塚原史、吉本素子、小幡一雄、中村典子、守永直幹共訳『人間と聖なるもの（改訳版）』せりか書房、一九九四年
ジョン・キーガン著、遠藤利国訳『戦略の歴史——抹殺・征服技術の変遷　石器時代からサダム・フセインまで』心交社、一九九七年
石津朋之著『戦争学原論』筑摩書房、二〇一三年

第6章

マーチン・ファン・クレフェルトと「非三位一体戦争」

はじめに――クレフェルトとその研究業績

マーチン・ファン・クレフェルト（Martin van Creveld）は、オランダ生まれのユダヤ人である。彼はロンドン大学経済政治学学院（ＬＳＥ）で博士号を取得した後、イスラエルに渡った。一九七一年から長年にわたってヘブライ大学歴史学部で教鞭を執った後、二〇一〇年秋に同大学を退官した。

その後クレフェルトは、同じくイスラエルの歴史家アザー・ガットが中心となって創設されたテルアビブ大学の安全保障・外交問題修士課程（すべて英語での課程）での教育に参加した一方、基本的には執筆活動に専念しており、早くも近著、『エア・パワーの時代』（源田孝監訳、芙蓉書房出版、二〇一四年）は大きな論争を巻き起こしている。

クレフェルトの著作の中から邦訳されているものを紹介すれば、著書としては『補給戦――ヴァレンシュタインからパットンまでのロジスティクスの歴史（増補新版）』（石津朋之監修・翻訳、佐藤佐三郎訳、中央公論新社、二〇二二年）と『戦争文化論』（石津朋之監訳、原書房、上・下巻、二〇一〇年）、『戦争の変遷』（石津朋之監訳、原書房、二〇一一年）、『新時代「戦争論」』（石津朋之監訳、原書房、二〇一八年）があり、論文では、「軍事力の有用性」石津朋之編著『戦争の本質と軍事力の諸相』（彩流社、二〇〇四年）と「現代におけるクラウゼヴィッツの有用性と限界」清水多吉、石津朋之共編著『クラウゼヴィッツと「戦争論」』（彩流社、二〇〇八年）、さらには「戦争とは何か——戦略文化」三宅正樹ほか共編著『総力戦の時代』（『検証　太平洋戦争とその戦略1』中央公論新社、二〇一三年）の三本が挙げられる。

また、邦訳はされていないものの、*The Rise and Decline of the State* (Cambridge: Cambridge University Press, 1999); *Technology and War: From 2000 B. C. to the Present* (New York: The Free Press, 1988); *The Art of War: War and Military Thought* (London: Cassell, 2000); *The Changing Face of War: Lessons of Combat from the Marne to Iraq* (New York: Random House, 2006); *Men, Women & War; Do Women Belong in the Front Line?* (London: Cassell, 2002) に代表される彼の著作は、いずれも独創的で示唆に富む内容である。

こうした多岐にわたるクレフェルトの著作の真髄は、通説を徹底的に疑って掛かる彼の研究姿勢そのものにあり、例えば『補給戦』では、「兵站術（アート・オブ・ロジスティクス）」とは軍隊を動かし、軍隊に補給する実際的方法であると定義し、結局のところ兵站術とは、指揮下の兵士に対して一日当たり三〇〇〇キロカロリーを補給できるかの問題であると喝破したうえで、戦争の様相を決めるのは戦略ではなく兵站であると主張した。「戦争のプロは兵站を語り、戦争の素人は戦略を語る」と言われるゆえんである。

クラウゼヴィッツの『戦争論』を超える書？

彼のすべての著作の中で、最も代表的な作品が、最初に紹介する『戦争の変遷』（*The Transformation of War: The Most Radical Reinterpretation of Armed Conflict since Clausewitz* [New York: The Free Press, 1991]）であり、この書は、現在まで五カ国語に翻訳されて広く読まれている。この中でクレフェルトは、クラウゼヴィッツの戦争観——すなわち、今日の一般的な戦争観——を厳しく批判した。

実際、原書のその副題が明確に示す通り、この書はクラウゼヴィッツ以降の武力紛争（武力紛争とは戦争より広い概念）に対する最も劇的な再評価を試みた著作である。

だがその一方で、クレフェルトは今日でもクラウゼヴィッツが歴史上最も優れた戦略思想家であることを素直に認める。一見、孫子（そんし）やリデルハートの戦略思想を高く評価しているように思われるクレフェルトであるが、彼の一連の著作の中でのクラウゼヴィッツに対する評価は、基本的にはそれを上回るものがある。かつて、アメリカの国際政治学者バーナード・ブロディ（第3章を参照）はクラウゼヴィッツを評して、「クラウゼヴィッツは最高の戦略思想家どころか、唯一の戦略思想家である」と述べたが、クレフェルトの評価もこれに匹敵する。

その意味においてこの『戦争の変遷』は、まさにクラウゼヴィッツの『戦争論（*On War / Vom Kriege*）』を強く意識し、『戦争論』を超える著作を目的として執筆されたものと言えよう。

周知のように、この書はその出版以来大きな反響を呼んだ。筆者は、クレフェルトと何度か直接会い、戦争や戦略をめぐる問題について議論する機会に恵まれたが、その中で彼が常に述べていたことは、『戦争の変遷』の執筆を終えた以上、今後は何も書くものはなく、あとは後世の歴史家の評価を待ちたいというものであった。もちろん、その後も彼は刺激的な著作を書き続けているが。

クレフェルトはまた、自由主義（リベラリズム）の立場の歴史家として、その評価が定着している。今日、自由主義の立場から戦争を論じる歴史家としては彼のほかに、イギリスの歴史家ジョン・キーガンの名前が挙げられるが、幸いなことにキーガンの代表作である『戦略の歴史――抹殺・征服技術の変遷　石器時代からサダム・フセインまで』（遠藤利国訳、中公文庫、上下巻、二〇一五年）と『戦争と人間の歴史――人間はなぜ戦争をするのか？』（井上堯裕訳、刀水書房、二〇〇〇年）は邦訳が出版されている。

その中でも『戦略の歴史』でキーガンは、クレフェルトと同様に戦争と文化の関係性について詳しく考察しているため、最初にこのキーガンの著作を概観することから始めよう。

1 キーガンと『戦略の歴史』

戦争とは文化の表現である

『戦略の歴史』は非常に独創的な章立てで構成されており、第1章「人類の歴史と戦争」で戦争の本質について考察した後、第2章から第5章までは、それぞれ「石」「肉」「鉄」「火」と題して、戦争という人類の大きな営みの中で兵器として特に用いられてきた石（と青銅）、馬（あるいは軽戦車（チャリオット））、鉄器、そして火薬（と火器）を主題に、個別の戦争史を創り上げている。その中でも特に、鉄器の登場が文明や戦争に及ぼした意味、そして、一五世紀末のフランスのシャルル八世の時代以降のいわゆる「火薬革命」が戦争の様相に大きな変化をもたらした事実に改めて印象付けられる。

また、右記の五つの章に加えてこの書には、各章間に四つの付論が挿入されており、戦争という多面的な事象を理解する一助となっている。

キーガンは、戦争を「文化の表現」と捉えている。彼の戦争観の根底を流れる確信は、戦争とはクラウゼヴィッツが唱えたような政治的な事象ではなく、文化的な事象であるというものであった。

つまり、戦争は政治といった狭義で合理的な枠組みの中では到底説明できるものではなく、より広義の文化という文脈のもとで捉えることによって初めて理解可能であるとした。だからこそキーガンは、それぞれの文化圏には固有の戦争観と戦争の様相が存在すると主張したのである。

そしてキーガンは、クラウゼヴィッツの政治の継続としての戦争という戦争観は極めて啓蒙主義的で、ヨーロッパ中心主義的な見方であると批判する。

今日とは異なり、ヨーロッパ地域以外の情報が極めて限定されていた時代のクラウゼヴィッツに対してこのような批判が少し酷であることは事実であるが、確かに、古代の部族間戦争をはじめ、キーガンがしばしば引用するロシアのコサック兵の事例、さらには、今日に至るまで特に西側先進諸国以外で起きた戦争を、単に政治の観点だけから理解しようとすることには相当の無理が生じる。クラウゼヴィッツ自身も認めているように、戦争はカメレオンのように時代や地域によって多彩な変化を見せるものである。

戦争と文化

実際、キーガンは『戦略の歴史』で、「戦争が外交制約や政治と全く異なっていることは、政治家とか外交官とは価値観も、得意とする手腕も全く異なる人間によって戦わなければならないからである」と述べると共に、「人類の始まりから現代世界に至るまでの時空を超えたその文化の進化と変遷の姿が、戦争の歴史である」、そして「戦争とは常に文化の発露であり、またしばしば文化形態の決定要因、さらにはある種の社会では文化そのものなのである」と主張する。

また、彼はやはりこの書の中で、「クラウゼヴィッツの考えでは戦争は国家と国益のために合理的な計算の存在を前提としているが、戦争の歴史は、国家とか外交、戦略などよりもはるかに古く数千年も遡るのである。戦争は人類の歴史と同じくらい古く、人間の心の最も秘められたところ、合理的な目的が雲散霧消し、プライドと感情が支配し、本能が君臨しているところに根差している」と、クラウゼヴィッツの戦争観を批判すると同時に、後述するクレフェルトと同様の認識を示している。

キーガンによれば、「戦争とは何よりもまず独自の手段による一つの文化の不朽化の試みであり得る」。彼がこの書で引用した事例を簡単に紹介すれば、「オスマン帝国の軍人奴隷『イェニチェリ』はもとより、ポリネシア、ズールー王国、そしてサムライ社会の戦争形態は、ヨーロッパで理解されているような合理的な政治を全く無視しているのである」。

また、メキシコ中央のアズテック族にとって、戦争とは生贄となる人間を獲得するための主たる手段であり、クラウゼヴィッツの言う政治とはほとんど関係のない理由で戦争が起きていた。

キーガンの『戦略の歴史』は、文化がいつ、そしてどのように変化した結果、戦争が不可避になるのかとの命題を中心に分析された書であるが、これに対してクレフェルトの『戦争文化論』は、技術や戦術などがどれほど変化しても、文化をめぐる本質がなぜ変わらないのかとの問題に焦点を当てて戦争を考察している。

ジャン・コラン

話題をクレフェルトの『戦争の変遷』に戻そう。

ここでもう一つ、この書に関するエピソードを紹介すると、なぜ原書のタイトルを *The Transformation of War* としたのかという筆者の長年の疑問に対してクレフェルトは、当初はクラウゼヴィッツの『戦争論』に敬意を表する意味でも『「戦争論」について（*On On War*）』としたかったのであるが、出版社とその編集者の強い意向により *The Transformation of War* に落ち着いた経緯を語ってくれた。ここにも、クラウゼヴィッツに対するクレフェルトの高い評価の一端がうかがわれるが、この事実は、タイトルをめぐる筆者の推測が完全に間違いであったことを証明することになった。というのは、実は筆者は、クレフェルトがフランスの戦略思想家ジャン・コラン（Jean Colin）の著作の英語訳のタイトルである *The Transformation of War* を強く意識して自らのタイトルを付けたに違いないと推測していたからである。

ジャン・コランは、第一次世界大戦で戦死するまでにナポレオンやクラウゼヴィッツに関する優れた著作を多数書いているが、その中で例えば、一八六六年の普墺戦争において、当初、オーストリアの勝利を予測していたためプロイセン（ドイツ）の予想外の勝利の原因をその「ドライゼ撃針銃」に求めたフリードリヒ・エンゲルスなどとは対照的に、コランは、銃――技術――ではなく兵士の資質が最大の要因であると考えた。

これはコランの卓見であるが、確かに、この時期までに一連の軍事改革に着手してきたプロイセン軍は、ほかのヨーロッパ諸国の軍隊と比較した時、よく訓練され、組織力が高く、そして何よりも士気が高かった。

戦争における兵士の資質――とりわけ、その不可測な要素である精神力――の重要性に気付いたコランの確信は、ナポレオン戦争の原則や精神が二〇世紀を迎えてもなお有用であるというものであり、彼は一九一一年の代表作『戦争の変遷（*Les transformations de la Guerre / The Transformation of War*）』（英語訳の出版は一九一二年）の後段の約一〇〇ページをこの問題に充てている。

新たな兵器、より大規模な軍隊、効率的な輸送手段などは、ナポレオン流の戦略の適応に不可避的に修正をもたらし、いくつかの原則は全く時代遅れとさえ言えるが、「それにもかかわらず、単にやみくもに形式を模倣する以上のことを知る人々にとっては、発想の源泉、検討すべき課題、そして二〇世紀に適応される思想の原型は、ナポレオン戦争にしか見出すことができない」とコランは述べている。

そして、このように戦争での不可測な要素を重要視する彼の思想は、同じくフランス軍人のアルダン・ド・ピクやフェルディナン・フォッシュ等と共に「新ナポレオン学派」（アザー・ガット）を形成し、それが第一次世界大戦前夜のフランスの戦略思想に多大な影響を及ぼすことになる。

そのコランと同様に、クレフェルトがクラウゼヴィッツの『戦争論』およびその戦争観を高く評価していること、その中でも彼が戦争での不可測な要素の重要性を強調するクラウゼヴィッツと同じ立場にあることから、筆者は、クレフェルトがコランを意識して自らの代表作に *The Transformation of War* の表題を付けたと推測していたが、これに対してクレフェルトは、コランの著作は読んでおり、もちろん多少は意識していたものの、それが決定的な要因ではなかったと明言した。

2 『戦争の変遷』

クレフェルトの卓見

以下でクレフェルトの代表作である『戦争の変遷』の内容を概観するに当たり、最初に、この書の出版が一九九一年である事実を強調しておきたい。

『戦争の変遷』の中でクレフェルトは、人類が過去約三世紀半にわたって経験した、主権国家が所有する組織化された軍事力——正規軍あるいは国軍——を用いて戦う時代は終わりを告げ、戦争の様相は劇的なまでに変化しつつあると主張した。また、将来において主権国家は戦争を独占することなど不可能であり、主権国家とは同じ価値観を共有しない非国家主体と対決することを強いられるであろうと予測した。

繰り返すが、クレフェルトは冷戦終結期である一九九一年（実際の執筆は一九八九〜九〇年）にこれらを指摘したが、これこそ、彼の先見の明を示す証左である。

当時の国際社会では、一方では冷戦の終結に伴う「平和の配当」をめぐる議論が活発化し、戦争は時代遅れであるとさえ言われたが、他方で、ソ連に代わる新たな「敵」――国家――を探すことに躍起になっていた事実を思い起こすと、この書の価値が理解できるであろう。実際、クレフェルトが『戦争の変遷』を出版した直後は、この書に対して冷淡で否定的な評価が一般的であった。ヴィジョナリーの宿命であろうが、世界はクレフェルトの鋭い状況認識に付いていけなかったのである。

だが、今日改めてこの書を読み直してみれば、その内容はごく自然に受け入れられるものが多い。

「非三位一体戦争」の登場

『戦争の変遷』の内容をさらに紹介すれば、クレフェルトはこの書で、第二次世界大戦が終結した一九四五年から今日に至るまでの「戦争」のほとんどは、彼が「非三位一体戦争（non-trinitarian war）」あるいは「非政治的な戦争」——一般的な表現を用いれば「低強度紛争」——と定義した範疇に属するものであり、犠牲という観点からも達成される政治目的という観点からも、通常戦争（＝一般に人々が「戦争」と認識する様相の主権国家間の戦い）を無意味にしたと述べている。

彼はまた、小規模な「非三位一体戦争」が拡散するに従って、通常の軍事力——正規軍——は縮小し、今後、社会全体を防衛するという重責の担い手は、国家から「安全保障ビジネス」へ移るであろうとの大胆な予測を述べていた。

さらにクレフェルトはこの書の中で、イスラム原理主義者による聖戦（ジハード）や、彼の言う「生存」を賭けた戦いに代表される「非三位一体戦争」に対して、今日の西側先進諸国の戦略思想の基礎をなすクラウゼヴィッツ的な戦争観や戦争理論は、もはや無意味であるとさえ主張した。

将来の戦争は、ゲリラ、テロリストあるいは無法者集団といった狂信的かつイデオロギーに基づいた人々によって戦われ、一般的な通常戦争は襲撃や爆弾テロなどといった形態に取って代わられると共に、こうした戦いで用いられる兵器は、より原始的なものになるであろうとクレフェルトは指摘する。

さらに彼は、将来の戦争で、その指導者は正統性を備えた政府の代表ではなく「山岳に隠れた老人」になるであろうと、換言すれば、あたかも中世の中東地域で見られた暗殺者集団のような戦争を遂行することになるであろうと、不吉な予測を述べていた。

クレフェルトはまた、戦争とはクラウゼヴィッツが主張するような政治の継続などではなく、スポーツの継続であるとの持論を展開すると共に、女性を戦争に参加させることの危険性や、戦争で宗教が果たし得る役割についても大胆に語っていた。そして、戦争とは誰かが他者を殺したいと思う時に始まるのではなく、個人や集団がある大義のために死ぬ覚悟ができた時に始まるという、極めて挑発的な見解を示した。

こうしたクレフェルトの状況認識はすべて、今日の戦争に対する人々の固定観念や先入観に真正面から挑戦するものであり、その後の著作『戦争文化論』や『男性、女性、そして戦争（*Men, Women & War*）』などでさらに深く掘り下げて考察されている。

クラウゼヴィッツの戦争観の否定

ヨーロッパでは、一七世紀後半に始まるいわゆる啓蒙主義時代以降、戦争は目的のための手段であると捉えられるようになった。つまり、本質的に戦争は合理的な「利益」に奉仕するものとの認識であり、これはクラウゼヴィッツ以来、今日に至るまでの一般的な戦争観と言えよう。

だがクレフェルトによれば、これほどまでに真実を歪めた認識はない。彼は、『戦争の変遷』や本章の第8節で改めて紹介する『戦争文化論』の中で、戦争は歴史に不可欠の要素であり、人間の精神に根差したものであると断言する。

さらに彼は、戦争をめぐる文化が人々が喜んで死を受け入れるもの、時として熱狂的に死を受け入れるものとなる理由は、死それ自体が目的となっているからであると述べている。

また、『戦争の変遷』の中の、将来の戦争においては技術や軍事的優位が必ずしも勝利を保障するものではないとのクレフェルトの指摘は、近年のソマリアやアフガニスタンで一九五〇年代に開発されたロケット弾で最新鋭のアメリカ軍ヘリコプターが撃墜されるという事実によって、見事なまでに実証された。

さらにこの書の中でクレフェルトは、今日の世界が直面しているのは「非三位一体戦争」――低強度紛争――であるにもかかわらず、主要諸国の軍隊は依然として通常戦争を戦うための教育および訓練を続けており、また、兵器を装備していると批判した。

これは、前章で紹介したルトワックの現状認識と同一である。その結果、今でもクレフェルトは、主権国家はその大戦略を見直す必要があり、その軍隊の教育・訓練方法を変更すべきで、兵器の調達計画も変える必要があると主張し続けている。

3 「非三位一体戦争」あるいは「非政治的な戦争」

「非三位一体戦争」とは何か

冷戦終結後、「非三位一体戦争」――繰り返しになるが、クラウゼヴィッツの戦争観の中核をなす戦争の「三位一体」とは対照的な概念で、同じくクレフェルトの造語である「非政治的な戦争」、さらには低強度紛争、非通常戦争、非対称戦争などといった言葉とほぼ同義の概念として用いられる――が大きく注目されるようになった。長尾雄一郎がその共著論文「戦闘空間の外延的拡大と軍事力の変遷」（石津朋之編著『戦争の本質と軍事力の諸相』彩流社、二〇〇四年所収）で述べているように、この背景には、例えば冷戦後のエスニック紛争の多発や、その結果としての「破綻国家」の発生に伴い、先進諸国の正規軍――国軍――がそれに介入することが多くなった事実がある。
そこでの戦いは、これまで先進諸国の正規軍が慣れ親しんできた正規軍同士の戦いではない。さらに、二〇〇一年の「9・11アメリカ同時多発テロ事件」を受けて、アルカイダやタリバンとの対テロ戦争が展開されたが、これも「非三位一体戦争」への注目を高めさせることになった（長尾はこの論考で「非通常戦争」という言葉を使っているが、以下では「非三位一体戦争」という表現を用いる）。

確かに、正規軍――国軍――とは優れて近代の概念である。近代以降、「戦争とは国家間の戦いである」という、人々が戦争について考える際の規範的概念が成立し、そして、正規軍同士の戦争以外の武力紛争は禁じるべきものとなった。マックス・ヴェーバーの有名な定式化に従えば、国家とは一定の領域の内部で正当な物理的暴力行使の独占を要求する人間共同体である。近代主権国家の登場以前に社会内に拡散していた物理的暴力は国家によって独占され、その行使も国家によって独占されることになる。

正規軍同士の戦い？

だが、二〇世紀後半の冷戦期に入ると、「非三位一体戦争」が生起する頻度は高まり、先進諸国の正規軍が実際に戦った戦争のほとんどがこの「非三位一体戦争」となった。さらに、冷戦終結後に目立つようになったこうした戦いは、いわゆる破綻国家を舞台とするものが多くなった。

すなわち、破綻国家におけるいわゆるエスニック紛争であり、その形態は、人々が近代主権国家の成立以来、規範としてきた正規軍同士の戦争とは遠くかけ離れたものである。そして、様々な理由から先進諸国の正規軍はこうした紛争への介入を余儀なくされており、近年におけるその典型的な事例が、コソボへのNATO（北大西洋条約機構）の介入である。

さらには、「9・11アメリカ同時多発テロ事件」の発生後、アメリカ軍を中心にアフガニスタンのタリバン政権やアルカイダへの対テロ戦争が行われたが、この事例においても破綻国家が問題となった。国内を実効的に統治できない破綻国家は、国際テロリストの巣窟（そうくつ）となり得ることが強く認識されるようになり、したがって、対テロ戦争においてこのような破綻国家への対応が必要となった。さらにアフガニスタンの事例では、当初は破綻国家を軍事力でもって平定し、その後、「国創り（ネーション・ビルディング）」が進められることになる。

ここに挙げた事例は、一部には通常戦争に近い様相を呈するものもあったが、同時に、ウサマ・ビンラディンの追跡および掃討に象徴されるように、いかにも中世的な世界に後戻りしたかのような戦いが、特殊部隊を中心として遂行された。今日の戦いの多くは、国家と非国家主体の間の非対称な戦い――非対称戦争――なのである。

4 クラウゼヴィッツの限界

主権国家間の戦争？

先にも少し触れたが、クレフェルトは、『戦争の変遷』を中心とする著作でクラウゼヴィッツ批判を展開し、その後、大きな論争を巻き起こしたことで知られる。

クレフェルトは、クラウゼヴィッツが歴史上最も傑出した戦略思想家である事実を素直に認める。実際、彼は『補給戦』の中でもクラウゼヴィッツの「摩擦」の概念を高く評価している。だがその一方で、彼はクラウゼヴィッツの戦争観全般、つまり、今日の人々が抱く一般的な戦争観に対しては懐疑的であり、その中でも、政治と戦争の関係性についてのクレフェルトのクラウゼヴィッツ批判は、概略、以下の四点に集約されるであろう。

第一に、クレフェルトは、『戦争論』を執筆する際にクラウゼヴィッツが、あたかも戦争が主権国家間だけで生起することを所与のものと考えている点を批判する。すなわち、クレフェルトはクラウゼヴィッツの戦争観が主権国家間以外の戦争、クレフェルトの言葉で「非三位一体戦争」――クラウゼヴィッツが唱えた「三位一体戦争」とは、「政治」「軍事」「国民」の三者が織りなす戦争で、今日、人々に一般的に認識される戦争――と呼ばれる戦争に対する視点を欠いているため、彼の戦争観は、現実に生起した多数の主権国家以外の主体が関与した戦争に対しては妥当性を持ち得ないと指摘する。

確かに、『戦争論』でのクラウゼヴィッツの論述は、ゲリラ戦争に関するわずかな記述を例外とすれば、一七八九年のフランス革命以降、特にその全貌を現しつつあった主権国家の存在を前提としたものが中心となっていることは事実である。だが、前述したようにクレフェルトは、今日、そして将来においては、クラウゼヴィッツが想定したような主権国家の正規軍同士の間で戦争が行われるのではなく、ゲリラやテロリスト集団といった国家以外の主体が国家と戦う構図、あるいは、アフリカなど混沌とした地域の内戦で見られるように国家以外の主体同士が戦う構図が主流になると主張した。

確かに、近年の戦争では、「政治」「軍事」「国民」の間の分業に関するクラウゼヴィッツの「三位一体」は全く存在しない。非国家主体は、一般の人々とは全く関係のない別組織の軍隊を編成して戦いに参加させることはなく、逆に、戦闘員と非戦闘員を一体化させている結果、この両者を見分けることなど不可能である。

戦争は外交の継続？

これに関連して第二は、クラウゼヴィッツが主唱した、戦争は外交とは異なる手段を用いて政治的交渉を継続する行為にすぎないという、『戦争論』の枠組み自体に対する批判である。

歴史の事例を詳細に検討した後、クレフェルトはキーガンの議論をさらに発展させ、ある一つの政治目的を達成するための手段としての戦争という見方に対しては、同様に否定的な評価を下している。

クレフェルトは、例えば中世ヨーロッパの王朝国家間の関係では、政治といった要素よりも「正しさ」の要素が重要視されていた事実に注目し、「正義（justice）」のための戦争が存在した事実を指摘する。確かに、国際法の父と言われるオランダの法学者フーゴー・グローティウスは、敵の不正が正しい戦争を生じさせるという認識のもと、『戦争と平和の法』を著したのであった。

また、旧約聖書の時代や中世の十字軍の時代は、「宗教（religion）」戦争の時代と位置付けられ、宗教が戦争の最も重要な原因であったと指摘する。

もちろん、クレフェルト自身も認めているように、「正義」や「宗教」といった大義の裏には常に現実的な政治——政治的利益——が存在したことは事実であるが、その一方で、十字軍を含む中世ヨーロッパの戦争や旧約聖書の時代の戦争が、冷徹に計算された政治に基づいて遂行されたとするには相当の無理がある。

また、政治という言葉についても、解釈次第では「正義」も「宗教」もすべて政治的行為に含まれるが、他方で、『戦争論』の中でクラウゼヴィッツは、基本的には政治という言葉を「国家政策」あるいは「外交」の意味で用いており、その意味において、クレフェルトの批判は正鵠を射ている。

「生存を賭けた戦争」

第三に、クレフェルトは、「正義」や「宗教」の戦争に加えて、「生存を賭けた戦争（war of existence）」——彼はこれらの戦争を総称して「非三位一体戦争」あるいは「非政治的な戦争」と呼ぶ——の存在を挙げる。

「生存」を賭けた戦争とは、他のあらゆる政治的手段が尽き、戦争以外の選択肢が残されていないといった状況の中での、まさに最後の生き残りを賭けた戦争を指すのであり、その実態は、例えば一九六七年の「六日間戦争」でイスラエルが置かれた状況、あるいは、第一次世界大戦前の一九一四年にドイツが置かれた状況、そして一九四一年末、第二次世界大戦（太平洋戦争）直前の日本が置かれた状況に代表されるように、少なくとも主観的には政治的な計算の結果として選択された戦争というよりは、むしろ、政治を全く度外視したものに近い。

「清水（きよみず）の舞台から飛び降りる」とは、当時のこうした状況を見事に言い得ている（ただし、相手の立場からすれば、こうした状況認識は単なる言い訳にすぎないように映る）。

さらに事例を挙げれば、第一次世界大戦は、緒戦の攻勢が失敗して膠着状態に陥った後は「生存」を賭けた戦争になった。また、第二次世界大戦は「生存」を賭けた戦争の特徴を多く備えた戦いであり、パウル・ヨーゼフ・ゲッベルス（ナチス・ドイツの宣伝相）の言葉を借りれば、「生死を賭けた闘争（*ein Ringen um Leben und Tod*）」であった。

だが、クラウゼヴィッツの戦争観では、目的と手段の二つが重なり合って同一化することを特徴とする、「生存」を賭けた戦争の存在を説明することができないのである。

戦争はスポーツの継続

第四に、クラウゼヴィッツが政治的で合理的な目的を達成するための合理的な行為としての戦争を強調する一方で、クレフェルトは、歴史事例を援用しつつ、人類が戦争に取り憑かれてきたのはそれが危険や歓喜と隣り合わせだからこそであると指摘し、戦争とは政治の継続などではなく、スポーツの継続としての側面が強いとの挑発的な議論を展開している。

スポーツとしての戦争という認識に関しては、周知の通り、戦争をスポーツで代替することは可能かとの問いは時代を超えて投げ掛けられており、ウィリアム・ジェームズに至っては、戦争を代替する一つの方策として、社会奉仕という名の新たな徴兵制度（その一例が体育を重視するボーイスカウト活動）を提唱したのである。

確かに、例えば第一次世界大戦前の戦争に関する著作を調べてみれば、狩り（ハンティング）やクリケットとして見た戦争、さらには戦争という栄誉ある競技といった表現が至るところに見られる。

また、一九世紀の戦争に関する著作の中で長期にわたって取り上げられた主題の一つに、戦争はその本質において、すべての下らない計算や利己的動機を超越するとしたものが挙げられる。

さらには、芸術の目的が芸術それ自体であるとされたのと同様、一九世紀には、戦争はある目的のための手段ではなく、それ自体が目的だと認識されることも多かった。

ここで示唆されていることは、戦争は最高の「私利」である生命そのものの放棄を伴うため、逆に、戦争によって人間とは何かを正確に見極めることができるというパラドクス（逆説）であった。戦争があるからこそ、人類は「この瞬間を生きる」ことを認識できるのであろう。

そうしてみると、人類は本質的に戦争が好きなのかもしれない。少なくとも、人類にとって戦争は、政治や政治的利益に関係なく魅力的な行為なのである。

戦争の世界史

クレフェルトの指摘を待つまでもなく、例えば古代中国の戦争は、総じて武力による衝突というよりも、むしろ道徳的価値を競う試合のようなものであり、そこでは名誉が競い合われた。

また、中世ヨーロッパ初期のフランク王国の時代には、戦争が「生計維持」の一つの手段であったことはよく知られている事実である。すなわち、戦争で生活資源を獲得すること、これが当時の戦争および兵士の気風（エートス）であった。また、フランスのルイ一四世の戦争が、政治とはほとんど関係なく、あたかも時季を迎えた狩り（ハンティング）のようなものであったことも周知の事実である。

さらには、スペインのフェリペ二世が何のために戦争をしたかというと、第一に、それは名誉のためであった。第二に、宗教的使命感、すなわち神への奉仕（サービス）としてであった。カトリック世界では、カトリック教会に反抗するプロテスタント諸国、とりわけイギリスやオランダに対する戦争は神聖なる義務であると考えられたのである。

また、ナポレオン戦争以前のいわゆる「制限戦争」の時代が、君主間の戦争であった事実はよく指摘されるが、なぜこの時代の戦争が制限されていたのかという問いに対しては、一般的には、君主の政治目的が制限されていたからであると説明される。

しかしながら、近年の戦争史研究から、例えばクレフェルトやイギリスの戦争史家ヒュー・ストローンの議論に代表されるように、技術的な理由によって軍隊の行動が制限されていたにすぎないとの見解が主流になりつつある。すなわち、政治が戦争を制限したのではなく、技術の限界が戦争を制限していたという解釈が受け入れられつつある。

また、近年のホロコーストや民族浄化は、ある政治目的を持った戦争の単なる副産物であるどころか、あたかもそれ自身が戦争目的になったかのような様相を呈している。

さらには、かつてフランスの思想家ジョルジュ・バタイユは、戦争とは「蕩尽（とうじん）」にすぎないと指摘したが、確かに、ポトラッチという儀式的戦争に代表されるように、いわゆる「未開の戦争」には社会を防衛および保守するためではなく、逆に、すべてを蕩尽して共同体の閉塞状態を一瞬にしろ解体し、生への隷属を打破するとの意味合いが強い。

戦争と法

以上が、クレフェルトによる四つのクラウゼヴィッツ批判であるが、さらに付け加えれば、クレフェルトの批判の第五として、戦争と法の関係性をめぐるものが挙げられる。

クレフェルトによれば、クラウゼヴィッツによる戦争に関する法の軽視は、彼の戦争観の中で最も危険な側面である。これについては本書の第5章で論述したため、ここで詳しくは繰り返さない。だが、以下のことは極めて重要である。

すなわち、クレフェルトによれば、時代や場所を問わず戦争は、戦闘に参加する者に、どのような目的で、どのような状況下で、どのような手段で、誰を殺すことが許され誰を殺してはいけないかを、明確に理解させたうえでなければ遂行できない。

そして彼は、こうした事柄を明確に了解していない兵士の集団は、軍隊ではなく単なる暴徒にすぎないと主張する。

つまり、許されることと許されないことを明確に規定する法がなければ、戦争は存在し得ないのである。この点についてクレフェルトの戦争観は、クラウゼヴィッツのものとは大きく異なる。

攻撃と防御の関係性

クレフェルトによるクラウゼヴィッツ批判の第六は、攻撃と防御の関係性、すなわち防御の優位性を論じたクラウゼヴィッツの認識をめぐるものである。

クラウゼヴィッツの限界についてさらに述べれば、クレフェルトが『補給戦』の中で彼の「摩擦」の概念を高く評価したのとは対照的に、近年では、この「摩擦」に対しても厳しい批判が寄せられている。

例えば、ケネス・J・ヘイガンとイアン・J・ビッカートンは、『アメリカと戦争――1775-2007』（高田馨里訳、大月書房、二〇一〇年）の中で、「『戦争の霧』や戦争が生む『摩擦』がもたらす意図せざる結果の重大さこそが、クラウゼヴィッツの戦争観を無効にする。戦争とは決して現行の政治の継続にはなり得ない。戦争とは全く新しい政策、しかも本来の政策とは全く矛盾するような政策を生み出すものである。意図せざる、もしくは予測できない結果は、意図された目的よりもはるかに長期的な影響を持つものであり、しばしば本来の目的に反作用するものである」と述べている。すなわち、戦争は政治を継続させるのではなく、政治を劇的に変容させるとの認識である。確かに、戦争は理性的な方法による政治の継続であると論じることが愚かしく思えるほど、「戦争の霧」や「摩擦」がもたらす変化はあまりにも大きく、また根本的である。

また、アメリカの歴史家ラッセル・ウィーグリーは、戦争は他の手段による効果的な政治の継続ではなく、政治の破綻にすぎないと喝破したが、はたして戦争は政治――外交――の破綻を意味するものなのであろうか。

以上、クレフェルトのクラウゼヴィッツ批判を手掛かりに、クラウゼヴィッツの限界について考えてきたが、はたしてクラウゼヴィッツは、時代に取り残された過去の遺物に成り下がってしまったのであろうか。

5 「利益」のための戦争？

戦争と政治の関係性

クレフェルトがクラウゼヴィッツの戦争観で最も批判するものは、戦争と政治――政治的利益――の関係性をめぐるものである。

これについてはすでに指摘したが、クレフェルトは『戦争の変遷』の中でこの問題に繰り返し言及しているため、以下でさらに詳しく検討してみたい。

これは、クレフェルトによるクラウゼヴィッツ批判の第二の論点に関連するが、彼はこの書の中で、今日の合理的な戦争学および戦略学に対して警鐘を鳴らしているのであり、その一つの手段としてクラウゼヴィッツの戦争観を批判している。すなわち、彼は戦争における「利益」の要素を過度に重要視する今日の戦争観や戦略思想に対して、挑戦状を突き付けているのである。

クレフェルトによれば、クラウゼヴィッツは人々を戦いへと駆り立てる要因を理解していない。クラウゼヴィッツは、戦争を合理的（＝政治的）な目的を獲得することを企図した合理的な営みであると捉えていたため、いかなる要因が実際に人々を戦いへと駆り立てるのかという問題について深く考察しなかった。

本章でも繰り返し言及したように、今日の一般的な戦争観によれば、そもそも戦争とは政治的に組織化された集団の中の構成員が政治を実行する目的で、つまり自らの「利益」を獲得する目的で、別の集団の構成員に対して攻撃を仕掛ける状況を意味する。

戦争は利他的な活動

しかしながら、クレフェルトは、この定義にはそれ自体に論理的な矛盾が存在すると指摘する。その理由の第一は、戦争は必要とあれば自らの生命を喜んで投げ出すという人々の自発的な意志を必要とするからである。

また、第二の理由は、死を目前に控えた人々にとって獲得しようとする「利益」など何もないからである。

戦争は、人類のあらゆる活動の中で最も利他的なものである。そして、社会が勇敢に戦った人々や勇敢に戦って戦死した人々に対して、その社会における最も崇高な名誉を与えることが非常に多く見られる理由は、まさに彼らが合理的な目的のために戦ったからではないからである。

一九四五年以降に生起した多くの「非三位一体戦争」は、なぜ人類は戦うことや死ぬことを覚悟できるのかという問題が、国際社会にとって重要な意味を持つことを示唆する。こうした戦いで常に問題にされたのは、国家の正規軍に立ち向かう「反乱者(insurgents)」をめぐるものであった。世界史上、最も強大で冷酷な国家の多くも、この反乱に悩まされた。反乱者の多くは、ほとんど素手同然の人々であり、彼らが有しているものは高い士気だけであった。

実際、一九四七～四九年のパレスチナから一九九五～九六年のチェチェンに至るまで、過去約半世紀における紛争の歴史は、「意志あるところに常に道あり」という諺(ことわざ)を実証する多くの事例が存在する。

そうしてみると、クラウゼヴィッツは不可測で非合理的な要素が戦争で果たす重要な役割に気付いていたにもかかわらず、やはりそれを深く考察しなかったと結論せざるを得ない。

6 主権国家の逆襲

戦争と国際秩序

前述した長尾によれば、「非三位一体戦争」は、戦争と平和をめぐる様々な問題を投げ掛ける。

例えば、降伏あるいは紛争終結の問題である。非国家主体との戦いにおいて、国際法上の国家間の戦争におけるような降伏はあり得ない。事実において戦いの終結があったとしても、何をもって勝利と考えるのかが不明確である。仮に非国家主体に対して、通常の国家間におけるような政治が展開され得ないとすれば、政治目的を達成するための戦争はあり得ず、したがって通常の意味での「勝利」もなくなる。

だがここで興味深いパラドクス（逆説）は、今日の国際社会で進展しつつあるのは、ウェストファリア体制の強化に向けての動きである。冷戦終結後に頻発する「非三位一体戦争」は、先進諸国の観点からすれば主権国家中心の国際秩序を維持するためのものであり、この点について、『戦争の変遷』で示されたクレフェルトの状況認識は、主権国家が備えた強靱性をやや過小に評価している。

以下、将来の戦争と国際秩序をめぐる長尾の論点を紹介しておこう。

今日の国際秩序は、一七世紀以来発展してきた主権国家を基本単位とするもの——ウェストファリア体制——であり、国家以外の非国家主体が物理的暴力の行使に訴え、国際的に大きな影響を与える時、それは現行の国際秩序に対する重大な挑戦となる。非国家主体が軍事力を集積し、それを行使する時、この主体は私的武力集団（プライベート・アーミー）と呼ばれるが、今日のグローバリゼーションの中にあっては、このような私的武力集団が登場しやすくなる。国際テロリスト集団はもとより、東南アジア海域に出没する海賊や、南アメリカで勢力を持つ麻薬密輸組織などもこのような私的武力集団である。そして、この私的武力集団の問題が端的に噴出したのが、「9・11アメリカ同時多発テロ事件」であり、この事件後、アメリカ軍を中心に徹底的な対テロ戦争が展開された。

このような観点からすれば、今後、非国家主体の軍事力行使による国際秩序への挑戦が見られた場合、先進諸国の正規軍——国軍——が連合して、その鎮圧を図るという構図が定着していく可能性が高い。

近代主権国家体制の強靱性

さらに「破綻国家」の問題も、こうした国際秩序の観点から次のように結論できる。主権国家を基本単位とする現行の国際秩序のもとでは、ある特定の大地に国家不在の空白は許されない。現行の国際秩序は主権国家のみが相互に承認し合ったうえで、その秩序の一員となり得る。

問題は、この秩序には国家相互支援とも呼ぶべき力学が内蔵されていることである。すなわち、この秩序とは、ある特定の大地において明確な境界で区切られた領域内で統治権力が確立していること、つまり主権国家が存在していることを求めるのである。

およそ人間が存在している限り、そこには人間が人間を統治するための政治的秩序形態が必要となるが、今日までのところ、主権国家以外の有力な政治的秩序形態は存在しない。

軍事力行使を行う非国家主体は、なるほど登場している。しかし、それが例えば分離独立運動の担い手である場合には、彼らの戦いが成功した暁には、結局、新たな主権国家の樹立に終わるのが実状であり、さもなければ、海賊や麻薬密輸組織のような物質的利益を追求する単なる犯罪者集団か、表面上の理由はどうであれ、既成秩序に不満を持ち、それを撹乱することを目的とする無頼の集団のいずれかである。

今日のグローバリゼーションの中、世界各地の相互接触が一層強まっているが、そのために、かえって現行の国際秩序は地球上の隅々まで、主権国家と呼ばれる政治的秩序形態が存在することを強く要求しているのである。

仮に既存の国家が内部崩壊し、ある特定の地域に政治秩序の真空が生じても（いわゆる破綻国家）、ほかの国家はその真空を埋め、その地域における政治秩序を回復すべく、改めて主権国家を樹立するなり、救済することを求める。

長尾によれば、そのための具体的な国際的取り組みが平和強制や平和維持活動であり、各国の正規軍がこれらの活動に参加している。平和強制にあっては、各国の正規軍は協力して、紛争当事者（私的武力集団）に対して場合によっては軍事力の行使に訴え、そこで「非三位一体戦争」を戦い、紛争の沈静化を図り、その後のいわゆる「国創り」においては、停戦条件を守らせ、紛争の再発を防ぐ平和維持活動に各国の正規軍が活躍することになる。

7 将来の戦争

主権国家の行方

戦争の将来像を探る際、大きな問題となるのはやはり主権国家の行方である。見通し得る将来、主権国家が完全に溶解することはあり得ないと思われる一方で、少なくとも主権国家が暴力——軍事力と警察力——を独占する時代は終わりを告げたことも事実である。

よく考えてみれば、一般に知られる一六四八年以降のウェストファリア体制下の主権国家が戦争を独占し得た時代など全くの幻想にすぎず、その実態は、二〇世紀前半を中心とする極めて限られた期間だけにある程度の妥当性を有するにすぎない。

また、例えば第二次世界大戦以降の冷戦期でも、主権国家以外の主体が関与した戦争、すなわち、クレフェルトの言う「非三位一体戦争」は頻発していたにもかかわらず、冷戦の陰に隠れた形であまり注目されなかったにすぎない。

「人々の間の戦争」

近年、クレフェルトの『戦争の変遷』の後に続いて、戦争の将来像について論じた好著が多数出版されている。

例えば、ルパート・スミス（Rupert Smith）は二〇〇五年の著作『ルパート・スミス軍事力の効用――新時代「戦争論」』（山口昇監修、佐藤友紀訳、原書房、二〇一四年）の中で、冷戦後に顕在化する「人々の間の戦争」――人間（じんかん）戦争――の存在を指摘する。

スミスによれば、「人々の間の戦争」の当事者は国家とは限らず、少なくとも一方の主体が非国家主体であることがほとんどであり、敵・味方の区別は明確でない。

また、ナポレオン戦争以降、二〇世紀を中心とする「産業化戦争」においては戦場がどこであるかが明確であった一方で、今日では、都市、路上、家屋などあらゆる場所が戦場となり得る。

さらには、「産業化戦争」には敵に自らの意志を強制するという明確な政治目的――クラウゼヴィッツ的な目的――があり、その達成には敵の戦力の破壊や領土の占領が不可欠であった。

しかしながら、「人々の間の戦争」においては、戦力の破壊や領土の占領そのものの重要性は低下し、むしろ平和のための条件を生み出し、早期に撤退することが重視される場合が多い。加えて、スミスによれば、「産業化戦争」では戦争と平和の明確な境界が存在したが、「人々の間の戦争」では戦争が長期化する傾向が強く、明確な終わりが分からないなど、これまでとは極めて異なる戦争の様相が生まれつつある。興味深いことに、こうしたスミスの戦争観は、クレフェルトが『戦争の変遷』で示したものに極めて近い。

「新しい戦争」

また、メアリー・カルドー（Mary Kaldor）の『新戦争論――グローバル時代の組織的暴力（*New and Old Wars: Organized Violence in a Global Era*）』（Stanford: Stanford University Press, 1999）（山本武彦、渡部正樹共訳、岩波書店、二〇〇三年）でも、クレフェルトを彷彿とさせる議論が展開されている。

カルドーによれば、近年、クラウゼヴィッツ的な戦争観を基礎とする「旧い戦争」とは異なった「新しい戦争」が顕著になりつつあり、その主たる要因はグローバリゼーションである。

一九四五年以降、「ヨーロッパを含めた世界各地で多くの戦争が勃発していたのであり、そこでは第二次世界大戦を上回る死者が発生していた。ところがこれらの戦争は我々の戦争概念にそぐわないものであったために、戦争として認識されていないのである」とのカルドーの指摘は正鵠を射ており、また、ボスニア・ヘルツェゴビナでの民族浄化は、従来の戦争観からすれば戦争目的ではなく戦闘の副産物として考えられたが、今日の「新しい戦争」においては、民族浄化そのものが戦争目的になっているという事実を人々が理解できないでいるとの彼女の主張も示唆に富む。

このカルドーの認識もまた、クレフェルトの状況認識と共通するものである。また、カルドーによれば、「新しい戦争」に対する人々の一つの反応は、それをクラウゼヴィッツ的な戦争と捉えること、つまり対立するのは国家、あるいは国家としての地位を得ようとする集団であると考えるというものであった。「そのため、『介入』や『平和維持』『平和執行』『主権』『内戦』といった言葉が国民国家と近代の戦争の概念から導き出されたが、これらは、現在の文脈に適用することが難しいだけでなく、実際に適当な行動を取るうえで障害となっているのではないか」とのカルドーの問題意識も、やはりクレフェルトと同じである。

限界を超えつつある戦争

最後に、二〇〇一年に生じた「9・11アメリカ同時多発テロ事件」と同じ様相の戦い――「非職業軍人が、非通常兵器を使って、罪のない市民に対して、非軍事的意義を持つ戦場で、軍事領域の境界や限度を超えた戦争を行う」あるいは「テロリストと、スーパー兵器になり得る各種のハイテクとの出会い」――の発生を予測していたとして注目を集めた『超限戦――21世紀の「新しい戦争」』（喬良、王湘穂共著、劉奇訳、坂井臣之助監修、共同通信社、二〇〇一年）を紹介しておこう。

この書の中で著者は、国際社会のグローバリゼーションやボーダーレス化の結果、従来の国境概念やルールが通じ難くなり、テロリスト集団のみならず、国家、領域、そして手段を選ばない非国家主体が出現した結果、「戦争以外の軍事行動（MOOTW）」――これですら、非伝統的安全保障と呼ばれる新たな事象である――とはさらに異なる貿易戦や金融戦、生態戦やハッカー戦、さらにはメディア戦など「軍事以外の戦争行動」――著者は『超限戦』でこの表現を使っておらず、この表現そのものにも問題が残るものの、著者のイメージを最もうまく伝えられる表現であるため、あえて用いる――を、個人や集団が繰り広げる可能性があり、ありとあらゆる手段を組み合わせた「超限戦」の出現を予測していた。

すなわち、「武力と非武力、軍事と非軍事、殺傷と非殺傷を含むすべての手段を用いて、自分の利益を敵に強制的に受け入れさせる」戦いである。

ここで紹介した著作以外にも、例えばP・W・シンガー（Peter Warren Singer）の三部作（『ロボット兵士の戦争――WIRED FOR WAR』〈小林由香利訳、NHK出版、二〇一〇年〉、『戦争請負会社』〈山崎淳訳、NHK出版、二〇〇四年〉、『子ども兵の戦争』〈小林由香利訳、NHK出版、二〇〇六年〉）や、ロルフ・ユッセラー（Rolf Uesseler）の『戦争サービス業――民間軍事会社が民主主義を蝕む』（下村由一訳、日本経済評論社、二〇〇八年）など、多くの優れた著作が出版されているが、こうしたもののほとんどがクレフェルトの『戦争の変遷』から多くの示唆を得ているように思われる。

もちろん、本章で紹介した『戦争の変遷』が、クレフェルトが期待するようにクラウゼヴィッツの『戦争論』を超える著作となるかについては確かなことは言えないが、少なくとも『戦争論』に匹敵する名著――極めて挑発的な名著――であることは事実であろう。

8 『戦争文化論』

戦争とは文化である

次に、クレフェルトのもう一つの名著、『戦争文化論』(石津朋之監訳、原書房、上・下巻、二〇一〇年)の内容を検討してみよう。この書で示されたクレフェルトの戦争観は、前述のキーガンの戦争観からさらに踏み込んだものである。

最初に『戦争文化論』の構成であるが、「はじめに」に続き、第1部「戦争に備える」(「ウォーペイントからタイガースーツまで」「ブーメランから城塞まで」「軍人を養成する」「戦争のゲーム性」)、第2部「戦争と戦闘において」(「口火となる言葉」「行動」「戦闘の楽しみ」「戦争のルール」「戦争を終わらせる」)、第3部「戦争を記念する」(「歴史と戦争」「文学と戦争」「芸術と戦争」「戦争記念碑」)、第4部「戦争のない世界?」(「平和だった時期はほとんどない」「大規模戦争の消滅」「常識が通用しない」「ヒトはどこへ向かうのか?」)、第5部「戦争文化をもたぬ世界」(「野蛮な集団」「魂のない機械」「気概を失くした男たち」「フェミニズム」)、そして「結び——大きなパラドックス」からなる。

第1部では平和時における戦争文化が紹介され、第2部では戦時中、さらには戦争から平和へと移行する時期の戦争文化が議論される。第3部では、記念碑や文学、映画、博物館など戦争が終結した後に創られる文化に、続く第4部では、主として第二次世界大戦以降の文化に焦点が当てられる。ここまでがこの書の歴史的な論述であるが、最後の第5部では、仮に戦争文化がなくなればいかなる問題が生じるかについて議論されている。

この書のほぼ四分の一に当たるこの第5部は、戦争の将来像とその文化の関係性に費やされている。

第二次世界大戦以降、核兵器の登場によって大国間で国家の存亡を賭けた大規模な戦争が起こる可能性は低下しているとの認識が、『戦争文化論』でもクレフェルトの言説の基調となっている。

そして彼は、今日、また将来においては、クラウゼヴィッツが想定したような主権国家の正規軍同士の間で戦争が行われるのではなく、ゲリラやテロリスト集団といった国家以外の主体が国家と戦う構図、あるいは、国家以外の主体同士が戦う構図が主流になると主張した。こうした国家以外の主体によって戦われる武力紛争を、クレフェルトが冷戦終結後いち早く「非三位一体戦争」――あるいは低強度紛争――という名を付けて、専門家の注目を集めた事実は既述した。

つまりクレフェルトは、戦争の歴史を振り返れば、国家が合理的に考えた政治目的の達成だけを純粋に念頭に置いて行う戦争よりも、むしろ聖戦(ジハード)に代表される宗教のための戦争や生存を賭けた戦争、さらには正義の獲得を求めて非国家主体が起こす戦争が多く、将来はこうした戦争がさらに増えるであろうと指摘するのである。

戦争の魅力

クレフェルトは『戦争文化論』で、戦争と文化の関係性について次のように指摘する。

戦争には、理性で考えられるもの以上の何かがある。いかなる理由のためであれ、戦争には、兵士が互いに殺し合う以上の何かがある。

そして、人類は過去と同様に今日においても、戦争に魅了されている。戦争はそれ自体が強力な魅力を発しており、また、人々は、合理的な思考からだけでは自らの生命を犠牲にしようとはしないものである。戦いは喜びの源泉であり、この喜びや魅力からある文化全般が生まれてくる、と。

つまり、戦争が備えている魅力は、理性よりも精神やホルモンに働き掛けるとも言える。クレフェルトは、「もし戦争が楽しくなければ、戦争を遂行する目的の中に大きく間違っているものが何かあると言えるだろう」とすら述べている。

いかにもクレフェルトらしい刺激的で挑発的な主張であるが、彼によれば、この書の主題である戦争文化は、それ自身の伝統、法、慣習、儀礼、儀式、音楽、芸術、文学、そして記念碑などを有するのであり、これは人類の文明が登場して以来の真実である。たとえ多くの論者が否定しようと、戦争は人類の生活に必要かつ自然な一部である。

また、クレフェルトによれば、戦争には儀式が付きものであり、儀式を行うことが重要なのは、それが文化の一部だからである。確かに、戦争は必ず何らかの儀式を行ってから開始される。

戦争の政治性？

クレフェルトは、『戦争文化論』の中でも、戦争は政治目的を達成するための手段にすぎないとするクラウゼヴィッツ的な戦争観を支持するいわゆる現実主義者に対して、こうした見解以上のものが戦争にはあると強く異議を唱える。

彼は以下のように述べている。すなわち、「理論的に考えれば、戦争は目的を達する一つの手段である。野蛮ではあるが、ある集団が利益を図ることを意図して、その集団と対立する人々を殺し、傷つけ、あるいは他の手段で無能力化する合理的な活動である。だが、この考えは見当違いもはなはだしい。戦争、特に戦闘は、人間が参加できる活動の中でも特に人々を刺激し興奮させるものである。これに太刀打ちできる活動はない」。

彼によれば、戦争は人類固有の企（エンタープライズ）てであり、また、人間個人の中にある衝動（インパルス）である。

仮に、戦争が何らかの求めに応えるものであるとすれば、それは、人類の精神（サイキ）の中にあるものに対してであり、戦争を行う人々にある種の満足感をもたらすからである。だからこそ人々は――より正確に言えば男性は――喜々として互いに殺し合うのであり、また、その他の多くの傍観者は、戦争について思いを巡らせ、それを見ることに魅了されることになる。

喜びの源泉

繰り返すが、クレフェルトは、戦争とりわけ戦闘は人類を最も興奮させるものであり、人類が従事可能な最も刺激的な活動の一つであり、それ以外の事象をすべて脇へと追いやってしまうと指摘する。そして、その興奮や刺激自体がしばしば純粋なる喜びへと変化するという。彼は、戦うことそれ自体が喜びの大きな、あるいは最も大きな源泉であると断言する。

戦争には魅力があるからこそ、そこに一つの文化が生まれる。また、その他のあらゆる文化と同様に、戦争文化は時として無用の行為であり、飾りであり、そして虚構である。

歴史上、いつの時代でも戦争文化は崇拝の対象とされた。だが、今日の西側先進諸国では、戦争文化はそうした扱いを受けることはない。こうした社会で戦争文化は、嘲笑か批判の対象となるにすぎない。

だがクレフェルトによれば、戦争文化との関わりを失った軍隊は、敗北を運命付けられるばかりか、その解体すら意味する。

彼は、いかなる変化にもかかわらず、戦争文化は時代遅れであるどころか、以前にも増して必要であり、またある地域や集団では活動的になっていると考えている。

逆に、いかなる理由であれ戦争文化を失くした社会は、こうした文化を保持する社会に対して全く無力である。彼によれば、何らかの理由によって戦争文化が失われた場合、「野蛮な集団」「魂のない機械」「気概を失くした男たち」、そして、「フェミニズム」が生まれることになり、これは『戦争文化論』の第5部で詳しく論じられている。

さらにクレフェルトは、戦争文化は主として死の恐怖を打ち砕くため戦争の歴史と共に生み出されたものであり、その後、今日に至るまでその性質を保持していると主張する。

つまり、戦争文化の一つの重要な機能は、兵士が死に立ち向かうことを躊躇しないよう、あるいは積極的に死に立ち向かうようにすることである。だからこそ、兵士は戦争文化を肌で感じる必要があり、また、戦争文化と戦争文化の担い手が一つになり、この両者が区別できなくなるまで戦争文化は兵士の魂に入り込まなければならないのである。

そして、このように虚と実が混在する戦争文化は、それが有用でない限りにおいてのみ有用なのであり、これが、クレフェルトが唱える「大いなるパラドックス」の意味するところである。

9　なぜ戦争文化は重要なのか

戦争文化の意味

前述したように、ヨーロッパでは一七世紀後半のいわゆる啓蒙主義時代以降、戦争は目的のための手段であると捉えられるようになった。つまり、本質的に戦争とは合理的な利益に奉仕するものとの見方であり、これは今日の一般的な戦争観と言える。だが、クレフェルトによれば、これほどまでに真実を歪めた認識はない。彼によれば、今でも戦争はそれ自体で強力な魅力を発し続けているのであり、この点を見落とすと、戦争がある固有の文化を創り上げてきた事実を理解できなくなる。

ここでクレフェルトの言う固有の文化とは、例えば軍服や戦争ゲーム、軍事パレードなどである。繰り返すが、今日こうしたものは軽蔑されるか、少なくとも非合理的であるとして軽視される傾向が強い。

しかしながらクレフェルトは、戦争および戦争文化は歴史に不可欠の要素であり、人間の精神に根差したものであると断言する。

さらに彼は、文化が、人々が喜んで死を受け入れるもの、時として熱狂的に死を受け入れるものとなる理由は、死それ自体が目的となっているからであると主張する。彼によれば、人間は必要な場合には死ぬ覚悟でいるが、その一方で危険を避けたい、あるいは危険から逃れたいという自然な欲求に悩まされる。この欲求を克服する過程において、戦争文化が重要な役割を果たすのである。

集団あるいは社会の下支えがあることが、兵士が恐怖を克服し、生命を賭ける動機付けとなっている。そのためクレフェルトは、訓練、勲章、そして死者への追悼といった要素にも鋭い考察を加え、こうした要素が人々に戦いを動機付けると主張する。また、社会のあらゆるレベルでの強靱性を確保するためには、戦争を重んじる文化的伝統が重要となる。そしてこれが、戦いのための音楽や戦争博物館などの創造につながるのである。

祝福されるべき核兵器

クレフェルトによれば、今日消滅しつつある戦争は、ある種の軍事機構を基盤とする、ある種の国家間で戦われるものだけである。

その一方で、別の形態の戦争——それは今日では一般に「紛争」と呼ばれる——の数は増え続けている。そして、このように戦争が人類の歴史から消え去ることはないと確信したうえで彼は、その感情の強烈さ、戦争を耐え、生き延びた人々の生命の絶対的な存在感、あるいは戦争ゲームなどに反映された形で認められる戦争の魅力や人気の高さについて、読者の注目を求める。戦争は人間の本性の一部であり、人間の本性がその原因となっている。

クレフェルトはまた、戦争を取り巻く文化、例えばある社会が戦争を準備する方法、戦争の戦い方（＝戦争方法）、戦争を記念する方法、そして大衆文化の中で戦争を表現する方法などは、戦争の勝利のために必要であるばかりでなく、戦争を管理するためにも不可欠であると述べている。

第二次世界大戦中に核兵器が登場して以来、世界の完全破壊への確信という状況に直面することがなければ、人々は今日でも戦争を楽しんでいたであろうという、この書でのクレフェルトの挑発的な指摘も興味深い。

彼によれば、人類に戦争を放棄させられる唯一の要因は恐怖であり、核兵器の破壊力が備えた恐怖こそが、一九四五年以降、大規模な戦争が生起していない真の理由である。

確かに、核兵器の登場によって抑止の効果がさらに高まったのであり、このような戦争を抑止するという核兵器の機能は、かつての宗教や理想主義が果たした役割よりも大きい。その意味において核兵器は、呪われた存在ではなく、祝福されるべきものなのかもしれない。

以上、クレフェルトの『戦争文化論』は挑発的で刺激的な著作である半面、人々を極めて不快にさせる著作である。

しかしながら、第5章で紹介したエドワード・ルトワックは、この書を次のように高く評価する。すなわち、「人々は平和をあまりにも愛しすぎているため、戦争をめぐる山のような嘘を重ねることで平和を守ろうとする。だがマーチン・ファン・クレフェルトは真実を述べている。彼は、なぜ戦争の九九パーセントが志願兵によって戦われてきたかについて説明を試みている。それは、戦闘が素晴しきものであるからなのかもしれない。戦闘が厳しい状況に陥ると、戦うための士気を維持するためには戦争文化が必要とされるのである」。

この書のとりわけ後半部分の論述から推察するに、おそらくクレフェルトは戦争文化を失くしたとされるユダヤ人、そしてイスラエル国民に対して強い警告あるいはメッセージを送りたかったのであろう。

10　戦争の諸相

『戦争のアート』

ここまで、クレフェルトの代表作である『戦争の変遷』と『戦争文化論』の内容を中心に戦争とは何かについて検討してきたが、以下では、彼のそのほかの著作で本章との関連性が深いものをまとめて紹介しておこう。

第一に、二〇〇〇年の著作『戦争のアート（*The Art of War*）』では、古代ギリシア・ローマ時代のアイネイアース、中世イタリアのニコロ・マキャヴェリ、近代のカール・フォン・クラウゼヴィッツ、さらに海洋戦略ではアルフレッド・セイヤー・マハンといった人物の思想が時代順に取り上げられている。

この書の際立った特徴は、従来、ヨーロッパやアメリカで出版された戦略学関連の著作ではほとんど取り上げられることのなかった中国の思想の発展が、多くのページを割いて考察されている点であろう。

クレフェルトは、古代中国の戦略思想家である孫子を取り上げ、機動、陽動、欺瞞、情報戦（インテリジェンス）といった戦争の心理的側面の重要性を強調すると共に、柔軟性に富む戦い方を重視した中国の戦略思想がどのように発展したかについて解説している。しかしながら、中国の思想に触れた個所は春秋戦国（しゅんじゅうせんごく）時代からせいぜい前漢（ぜんかん）の時代までであり、その後の中国の長い歴史の中で戦略思想がどのように発展し、どのような要因がそうした思想の発展に影響を及ぼしたかについては考察されていない。

加えて、第5章で紹介したエドワード・ルトワックの著作『中国の台頭と戦略の論理』と同様、クレフェルトは古代中国の戦略思想と、今日の中国の指導者の行動や考え方との間にいかなる関連性があるかという点も、考察の対象になっていない。とはいえ、この書で中国の戦略思想の発展について一つの章が割り当てられていること自体、ヨーロッパやアメリカの思想に偏っていた従来の戦略学に貴重な一石を投じることになった。

今日、主要諸国の間の大規模な戦争など考えられない状況が生まれつつある。そうした中で、「戦わずして人の兵を屈する」ことの重要性を説いた孫子の戦略思想は、今後ますます注目を集めるであろうし、その意味でもこの書の価値は高まるであろう。

また、『戦争のアート』の中でもクレフェルトは、『戦争の変遷』などと同様に厳しいクラウゼヴィッツ批判を展開している。

もちろん、こうしたクレフェルトの戦争観に対しても、多くの疑問や批判が挙げられることは確かであろう。だが、クラウゼヴィッツの『戦争論』が出版された一八三〇年代以降、世界各国の政治や軍事の指導者層、さらには一般の人々の間でクラウゼヴィッツの戦争観が圧倒的に支配的であったことに対して、クレフェルトが毅然と異議を唱えた功績は高く評価されるべきである。

『男性、女性、そして戦争』

本節で紹介する第二の著作は、戦争の歴史における女性の位置付けあるいは役割と関係するが、クレフェルトによると、歴史を通じて女性は戦争の炎から保護されており、また、戦争での女性の役割は、たとえ実際の戦いに参加するにしても限定されていた。

しかしながら、今日、こうした状況が変わりつつあると、二〇〇二年に出版した『男性、女性、そして戦争（*Men Women & War*）』で指摘する。

近年、歴史上初めて女性が戦争の最前線に立つようになってきた。だが、先にあげたこの書の副題が明確に示すように、クレフェルトの問題意識は、女性は本当に最前線に属しているのかというものであり、この問いに対して彼は、断固として否と主張する。

彼によれば、女性は身体的に戦争には向いておらず、しばしば負傷し、結局のところ、戦争の準備、ひいては男性兵士に対しても悪影響を及ぼすだけである。

『男性、女性、そして戦争』でクレフェルトが、女性としての生物学的限界が戦争に不向きな理由であると指摘したことに対して、彼が教鞭を執っていたヘブライ大学の女性教職員はもとより、女子学生からも厳しく批判されたが、クレフェルトは前述した『戦争文化論』などでもこうした見解を全く改めておらず、とりわけ同書の第20章「フェミニズム」では、その論調をさらに強めている。

実は、クレフェルトがヘブライ大学を早期退官した理由の一つがこの戦争と女性をめぐる問題であったのであるが、この問題は、二〇一三年になってアメリカが女性兵士の戦闘参加を認める方針を決めただけに、今後、大きな論争を巻き起こすことになるであろう。実際、クレフェルトは戦争と女性をめぐるさらなる著作を執筆中であると筆者に語った。

『変貌を遂げる戦争の様相』

第三に、二〇〇六年の著作『変貌を遂げる戦争の様相（*The Changing Face of War*）』の中でクレフェルトは、第一次世界大戦以降、今日に至るまで戦争の様相がいかに変化したかについて説得力に富む議論を展開している。

この書の考察対象は、第一次世界大戦における一九一四年の第一次マルヌ河の戦いから二〇〇三年のイラク戦争までであるが、ここでもやはりクレフェルトは、戦争の様相が従来の主権国家間のものから「非三位一体戦争」へといかに変化してきたかについて、その輪郭を見事に描き出している。

おわりに――戦争とは何か

以上、主として『戦争の変遷』と『戦争文化論』を手掛かりにクレフェルトの戦争観を検討してきたが、ここでの彼の挑発的で刺激的な言説により、戦争に対する人々の固定観念や先入観が打ち砕かれるであろうことは疑いない。

戦争、それは承認された暴力であり、命じられた暴力であり、尊敬される暴力なのである。

今後、クレフェルトの著作を契機として、「戦争とは何か」についてさらなる議論が期待されるが、以下では、こうした戦争の本質を考える際の問題点について簡単に検討しておこう。

第一に、そもそも戦争はなぜ生起するのか。逆に、平和とはいかなる状態を指すのか。また、戦争の善悪を問われれば、大多数の人々は即座に「悪」と答えるであろうが、それにもかかわらずなぜ戦争は消滅しないのか。それが必要悪だからなのか。

実際、クレフェルトが主張するように人類は戦争を憎悪する一方で、戦争を楽しむことに全く抵抗を感じていない。戦争を待ち望み、それが始まれば大いに楽しみ、終結すれば誇らしい気持ちで戦争を振り返るのである。そして、一人の同じ人間の中で戦争に対するこうした憎悪と歓喜を同時に抱けることが問題なのである。

かつて古代ギリシアの歴史家トゥキュディデスは、戦争の原因をめぐる「三要素」、すなわち「利益」「名誉」「恐怖」を提示したが、はたしてこの三つの要素は戦争の原因を最も包括的に説明し得たものなのか。あるいは、三つの「G」、すなわち「金(Gold)」「神(God)」「名誉(Glory)」こそが戦争の根源的な原因なのか。

確かに、宗教やイデオロギーと戦争の関連性については、戦争の将来像を考えるうえでも、改めて検討する必要があろう。

第二に、戦争に対する人々の世界観の変化に伴い、今日では戦争の負の側面が強調される傾向が強いが、たとえ結果論であれ、戦争が人類の進歩や社会の発展に貢献したとする仮説、例えば、二〇世紀において戦争の生起と植民地解放や民族独立、あるいは住民の自治権拡大のプロセスには密接な関係性があるとするもの、さらには、戦争と普通選挙法の普及との関連性および戦争と福祉や人権の拡大との関係性を指摘するものに対して、いかなる反論が用意されているのか。

さらには、戦争は「創造の母」とする仮説は正しいのか。戦争は、偉大な文化や文明を一瞬のうちに消滅させる一方で、新たなものを生み出す契機となるのか。確かに、戦争は人々の想像力に強く訴え掛ける何かを備えている。

第三に、戦争の不可測な側面に注目すれば、それは人々に悲しみをもたらす一方で、ヒロイズムを喚起するのか。クレフェルトが述べているように、人類は戦争によって死と隣り合わせの立場に置かれるため、逆説的に生の喜びを再認識し、戦争という非合理とも思える事象に日常では味わうことのできない高揚感を覚えるのか。つまり、戦争が刺激的な理由は、戦争が生きるか死ぬかの活動であるからなのか。

また、しばしば倫理性の最高の段階は自己犠牲であると言われるが、戦争こそ自己犠牲の最高の機会を提供するのではないか。エドワード・ギボンが『ローマ帝国衰亡史』の命題の一つとして取り上げたものは、長期間の平和がもたらす「緩慢で密かな毒」についてではなかったか。

本当に戦争は何も解決しないのか

さらに機能論の観点から戦争を考えると、人々が集団間の対立に決着をつけるための一つの社会的な制度として、今日でもこれを用いている事実は否定できないように思われる。

また、イギリスの歴史家アーサー・マーウィックがその著、*The Deluge, British Society and the First World War* (London: The Bodley Head, 1964) などで鋭く指摘したように、戦争遂行のためにすべての資源や人員、そして制度を合理的に組織化していくことで、戦争という一見非合理な事象が、逆説的にも合理化や近代化を推進しているのであろうか。

加えて、戦争には社会の閉塞感や停滞感の打破、すなわち、不満の捌け口としての機能を期待されていなかったであろうか。

最後に、やはりクレフェルトも述べているように、戦争が聖なるものとして捉えられることがあるのは、そこに、恐怖以上の魅力が存在するからなのか。つまり、戦争は恐ろしいものであるが必要なものであり、時として素晴らしいものなのであろうか。

クレフェルトと同じイスラエルの歴史家アザー・ガットは、その近著『文明と戦争』の主題が、「戦争をめぐる謎」を解明することであったと述べている。

この書の中でガットは、戦争は人類の生活と共に常に存在していた事実を示した。同時に彼は、人類の一般的な欲求を満たすために戦争が存在した事実を明らかにした。すなわち、生存の可能性を高めたいという欲求と、再生産の能力を拡大させたいという欲求の、二つの根源的なものである。

仮に、ガットのこの指摘が正しいとすれば、将来においても戦争は根絶できそうもないと結論せざるを得ない。

（注）本章は、『戦争文化論』（石津朋之監訳、原書房、上・下巻、二〇一〇年）および『戦争の変遷』（石津朋之監訳、原書房、二〇一一年）の解説論文として執筆した原稿を改題、さらに大幅に加筆・修正したものである。また、本章は二〇一三年の筆者によるクレフェルト博士へのインタビューおよび数回にわたるメールでのインタビューの結果が反映されている。

（主要参考文献）

石津朋之編著『名著で学ぶ戦争論』日本経済新聞出版社、二〇〇九年（第Ⅵ部の「クレフェルト『戦争の変遷』」の執筆担当は石津朋之、同じく第Ⅵ部の「クレフェルト『戦争のアート』」の執筆担当は永末聡、「スミス『軍事力の有用性』」の執筆担当は塚本勝也）
マーチン・ファン・クレフェルト著、石津朋之監訳『戦争の変遷』原書房、二〇一一年
マーチン・ファン・クレフェルト著、石津朋之監訳『戦争文化論』原書房、上・下巻、二〇一〇年
マーチン・ファン・クレフェルト著、石津朋之監訳・解説、佐藤佐三郎訳『増補新版　補給戦――ヴァレンシュタインからパットンまでのロジスティクスの歴史』中央公論新社、二〇二二年
アザー・ガット著、石津朋之、永末聡、山本文史監訳、「歴史と戦争研究会」訳『文明と戦争――人類二百万年の興亡』中公文庫、上・下巻、二〇二二年
ジョン・ベイリス、ジェームズ・ウィルツ、コリン・グレイ共編著、石津朋之監訳『戦略論――現代世界の軍事と戦争』勁草書房、二〇一二年
石津朋之編著『戦争の本質と軍事力の諸相』彩流社、二〇〇三年
石津朋之著『戦争学原論』筑摩書房、二〇一三年

おわりに

本書の「はじめに」でも簡単に紹介したドイツの軍人エーリヒ・ルーデンドルフは、一九三五年に主著とされる『総力戦（*Der totale Krieg*）』（伊藤智央訳・解説、原書房、二〇一五年）を出版した。

彼はその中で、第一次世界大戦を契機として、戦争が政府と軍人だけでなく、一般国民をも巻き込んだ形で展開された事実に注目し、こうした戦争の新たな様相を総力戦と呼んだのである。

一般的に総力戦とは、戦闘員と非戦闘員との国際法上の区別を無視して遂行される戦争であり、そこでは、軍事力はもとより交戦諸国の経済的、技術的、さらには道徳的な潜在能力が全面的に動員される。そして、国民生活のあらゆる領域が戦争遂行のために組織され、あらゆる国民が何らかの形で戦争に関与することになる。

したがって、敵に対する打撃とは単にその軍事力だけにとどまらず、銃後——この言葉も総力戦の特質を見事に表現し得ている——の軍需生産はもとより食糧ならびに工業生産全般の破壊、およそ国民の日常生活の麻痺にまで向けられる。

さらには自国民の士気の高揚、逆に敵国民の戦争への意欲をそぐための宣伝、すなわち、戦争の心理的側面も極めて重要な意味を持つようになる。端的に言えば、総力戦の時代においては、戦争の勝敗はもはや戦場で決定されるのではなく、国家の技術力や生産力の有無によって決定されるのである。

歴史家のハンス・スピーアによれば、ルーデンドルフの「総力戦理論」は、五つの基本的な要素から構成される。

第一に、戦争が総力的あるいは全面的になったのは、交戦諸国のすべての領土が交戦圏として含まれたからであるとの認識である。第二に、総力戦はすべての国民を戦争努力に積極的に駆り立てるため、戦いを遂行するのは軍隊のみならず全国民であるとの認識である。その結果、総力戦を効率的に遂行するには、戦争目的に沿った形で経済組織を構築することが必須となる。

第三に、戦争には一般国民が参加するため、宣伝でその士気を高揚させると共に、敵国民の政治的結束力を弱めるために特別の努力が必要とされるとの認識である。第四に、総力戦の準備は明白な戦闘行為が始まる以前から行う必要があるとの認識である。なぜなら、軍事的、経済的、心理的な戦いは、現代社会の平時の政策にも大きな影響を及ぼすからである。

第五に、戦争努力を総合し、またそれを効率的に行うためには、総力戦は一人の軍人指導者（*Der Feldherr*）が指導すべきとのルーデンドルフの確信である。

確かに、ルーデンドルフの「総力戦理論」の大きな特徴の一つは、総力戦は絶対的な権力を有する軍人が指導すべきとの主張である。総力戦に対応するためには軍事の次元での指導はもとより、外交、経済、さらには宣伝といった大戦略（グランド・ストラテジー）の次元での指導――戦争指導――を行う必要があるからである。

だがルーデンドルフによれば、総力戦に文民政治指導者が入る余地はない。つまり彼は、総力戦には政治的要素が全く存在せず、政治を吸収してしまったと考えたのである。こうしてルーデンドルフは、第一次世界大戦での自らの経験からその「総力戦理論」を構築し、最終的には政治を軍事に従属させたのである。

こうしたルーデンドルフの戦争観とは対照的に、フランスやいわゆる英語圏では第一次世界大戦を契機として、文民政治指導者を頂点とした今日の政軍関係の概念――文民統制（シビリアン・コントロール）――が登場することになる。

本書の中でも繰り返し言及したように、大戦略あるいは戦争指導という概念が世界各国でとりわけ注目を集め始めたのは、第一次世界大戦前後であり、当時のフランス宰相ジョルジュ・クレマンソーが、「戦争は将軍だけに任せておくにはあまりに重大な事業（ビジネス）である」との認識のもと、大戦略の策定および戦争全般の指導は、国家政策の頂点に立つ文民政治家が自ら行わなければならないと考えたことが大きな契機となった。

つまり、総力戦の時代だからこそ文民政治家が大戦略を考え、戦争を指導すべきとの認識であり、これはルーデンドルフの「総力戦理論」に代表されるドイツの戦争観とは対照的である。そして、ここから文民政治家による戦争指導のほぼ同義語として、大戦略（グランド・ストラテジー）といった概念が定着するに至ったのである。

戦争あるいは紛争が存在する限り、その戦争や紛争に対処するための大戦略が必要であるとの事実は、将来においても変わらない。

本書の結論として確実に言えることは、大戦略を策定する組織を常設する必要があるという事実である。すなわち、ルーデンドルフに代表されるような「軍人による戦争指導」や「軍人を中心とした戦争指導」ではなく、今日的な文民統制（シビリアン・コントロール）の観点から、文民政治家を頂点とする政治、経済、社会全般、そして、もちろん軍事の領域を含めた包括的な大戦略の策定およびその遂行が求められているのである。そして、その根底を流れる思想には、「文民政治家には過ちを犯す権利がある」との確信がなければならない。

アメリカの国際政治学者エリオット・コーエンは、その著『戦争と政治とリーダーシップ』(中谷和男訳、アスペクト、二〇〇三年)の中で、政治家と軍人のあるべき関係性を「対等でないものの対話(unequal dialogue)」と表現したが、これは今日の一般的な政軍関係のあり方と言え、もしかしたらその源泉は、プロイセン・ドイツの戦略思想家カール・フォン・クラウゼヴィッツにまでさかのぼるのかもしれない。

では、文民政治家が大戦略を考え、それを遂行する場合、いかなる点を考慮する必要があるのであろうか。

筆者はかつて、「国際環境(戦略環境)」「国内要因」「時代精神」という三つの次元から戦争や大戦略を考えることの重要性を論じたことがある。とりわけ最後の「時代精神」という要素は、不可測で曖昧な概念とはいえ、実は大戦略の形成に多大な影響を及ぼし得る事実を指摘したかったからである。

もちろん、この三つの次元の中でどれが最も重要であるかは、その時代の状況によって異なるであろう。

だが、従来の戦争学・戦略学の主たる領域とされてきた「国際環境」や「国内要因」と比較しても、「時代精神」という要素が戦略の形成に大きな影響を及ぼす事実を見落としてしまうと、大戦略とは何かについて全く理解できなくなる。結局のところ戦略とは、好むと好まざるとにかかわらず、その時代の人々の共通認識に強く規定されるものなのである。

また、別の視点から戦争や大戦略について考えてみれば、かつてクラウゼヴィッツが戦争を「政治」「軍事」「国民」という三つの要素が織りなす大きな社会的な事象――「三位一体」――であると指摘し、これを受けて第2章で紹介したマイケル・ハワードが、この三つの要素に加えて遅くとも一九世紀後半からは技術の発展を無視して戦争を理解することは不可能との認識のもと、第四の要素として「技術」の重要性を指摘した。さらには、とりわけ二〇世紀後半から今日に至るまでの時期は、前述の「時代精神」という第五の要素を無視して戦争を語ることなどほぼ不可能になりつつある。

そうしてみると、文民政治家が戦争および大戦略とは何かを十分に理解し、なおかつそれを遂行するためには、「政治」「軍事」「国民」「技術」「時代精神」という五つの要素に注目することが強く求められるのであろう。

本書を締めくくるに当たって、大戦略をめぐるリデルハートの認識を改めて紹介すれば、「戦争の目的とは、少なくとも自らの観点から見て、より良い平和を達成することである。それゆえ、戦争の遂行に当たっては自己の希求する平和を常に念頭に置かなければならない。これこそ、『戦争は他の手段をもってする政治の継続である』とするクラウゼヴィッツの戦争に関する定義の根底を流れる真実である。したがって、戦争を通じた政治の継続は、戦後の平和へと導かれるべきことを常に銘記する必要がある。仮に、ある国家が国力を消耗するまで戦争を継続した場合、それは、自国の政治と将来とを破滅させることになる。

仮に、戦勝の獲得だけに全力を傾注して戦後の結果に対して考慮を払わないのであれば、戦後に到来する平和によって利益を受け得ないまでに消耗し尽くしてしまうであろう。同時に、そのような平和は、新たな戦争の可能性を秘めた、言うなれば悪しき平和にすぎないのである。このことは、数多くの歴史の経験によって実証されている教訓である」。

さらに言えば、今日において戦争あるいは紛争は、軍人や政治家だけに任せておくにはあまりにも重大な国民の事業（ビジネス）なのであり、今こそ、本格的な戦争研究のための組織およびその要員が必要とされているのである。

その際、筆者の基本的立場は、日本のような中規模国家でも、大戦略を策定し、それを遂行することが可能であるというものであり、だからこそ筆者は、「日本流の戦争方法」の構築を繰り返し主張しているのである。

い。

もちろん、「日本流の戦争方法」とは、朝鮮半島の存在が日本の安全保障に及ぼし得る地政学的意味であるとか、また、海洋国家としての日本の展望などといった議論に代表される、重要ではあるがやや表層的で狭義の意味だけに用いられる概念ではない。

それ以上に、国家としての日本の戦争観や国際秩序観、さらには、仮に日本以外で戦争といった緊急事態が生起した場合、日本がどれほど国際社会への責務を果たす意志があるのか、また、本当にそれを日本の国家政策の一つの手段として有効に活用することが可能であるのかといった根源的な問題を、多角的かつ重層的に考察することこそ、「日本流の戦争方法」という概念、すなわち日本の大戦略を構築するための第一歩なのである。

戦争が軍人の専権事項であった時代は、全く過去のものとなった。今日に至るまでも継続している総力戦の時代の戦争、そして核兵器の強大な破壊力やテロリズムといった「非対称戦争」に象徴される近年の戦争においては、大戦略の形成のために優れた術（アート）が不可決であることから、その意味でも「日本流の戦争方法」の早急な構築が求められているのであり、また、そのための要員を育成することによって「日本流の戦争方法」、つまり日本の大戦略を構築することが必要とされているのである。

（主要参考文献）

エドワード・ミード・アール編著、山田積昭、石塚栄、伊藤博邦共訳『新戦略の創始者——マキャベリからヒトラーまで』原書房、上・下巻、二〇一一年

本書は、２０１３年９月に日本経済新聞出版社から発行した
『大戦略の哲人たち』を改題し、文庫化したものです。

nbb
日経ビジネス人文庫

大戦略の思想家たち

2023年2月1日　第1刷発行

著者
石津朋之
いしづ・ともゆき

発行者
國分正哉

発行
株式会社日経BP
日本経済新聞出版

発売
株式会社日経BPマーケティング
〒105-8308 東京都港区虎ノ門4-3-12

ブックデザイン
鈴木成一デザイン室
ニマユマ

本文DTP
マーリンクレイン

印刷・製本
中央精版印刷

Printed in Japan　ISBN978-4-296-11572-3

nbb 好評既刊

第三のチンパンジー 完全版 ㊤㊦

ジャレド・ダイアモンド
長谷川眞理子・長谷川寿一＝訳

チンパンジーと遺伝子がほとんど違わないヒトは、なぜ「人間」になれたのか？ ダイアモンド博士の記念すべき一作目に、補遺2点も収録した完全版。

昨日までの世界 ㊤㊦

ジャレド・ダイアモンド
倉骨 彰＝訳

世界的大ベストセラー『銃・病原菌・鉄』の著者が、身近なテーマから人類史の壮大な謎を解き明かす。超話題作、待望の文庫化！

危機と人類 ㊤㊦

ジャレド・ダイアモンド
小川敏子・川上純子＝訳

遠くない過去の人類史から何を学び、どう将来の危機に備えるか——。近現代における7カ国の事例を基に解決への道筋を提案する。

純粋機械化経済 上・下

井上智洋

AIがもたらすのは豊かさか、分断か——。2030年に到来する「AI時代の大分岐」。多角的な視点から何をなさなければならないのかを論じる。

経済学の宇宙

岩井克人＝著
前田裕之＝聞き手

経済を多角的にとらえてきた経済学者が、誰にどのような影響を受け、新たな理論に踏み出したのかを、縦横無尽に語りつくす知的興奮の書。